中国地质大学(武汉)实验教学系列教材
教育部"本科教学改革与教学质量工程"项目资助
中国地质大学(武汉)实验教学教材基金资助
中国地质大学(武汉)资源学院教材基金资助

油气储层地质学实训教程

YOUQI CHUCENG DIZHIXUE SHIXUN JIAOCHENG

姚光庆　袁彩萍　周锋德　李嘉光　编著

图书在版编目(CIP)数据

油气储层地质学实训教程/姚光庆,袁彩萍,周锋德,李嘉光编著. —武汉:中国地质大学出版社,2016.1
中国地质大学(武汉)实验教学系列教材

ISBN 978-7-5625-3794-6

Ⅰ.①油…
Ⅱ.①姚… ②袁… ③周… ④李…
Ⅲ.①储集层-石油天然气地质-高等学校-教材
Ⅳ.①P618.130.2

中国版本图书馆 CIP 数据核字(2016)第 002240 号

油气储层地质学实训教程	姚光庆　袁彩萍　周锋德　李嘉光　编著
责任编辑:王凤林　胡珞兰	责任校对:周　旭
出版发行:中国地质大学出版社(武汉市洪山区鲁磨路388号)	邮政编码:430074
电　　话:(027)67883511　　传　　真:67883580	E-mail:cbb@cug.edu.cn
经　　销:全国新华书店	http://www.cugp.cug.edu.cn
开本:787毫米×1 092毫米 1/16	字数:200千字　印张:8
版次:2016年1月第1版	印次:2016年1月第1次印刷
印刷:湖北睿智印务有限公司	印数:1—1 000册
ISBN 978-7-5625-3794-6	定价:16.00元

如有印装质量问题请与印刷厂联系调换

中国地质大学(武汉)实验教学系列教材

编委会名单

主　任：唐辉明

副主任：徐四平　殷坤龙

编委会成员：（以姓氏笔画排序）

公衍生　祁士华　毕克成　李鹏飞　李振华

刘仁义　吴　立　吴　柯　杨　喆　张　志

罗勋鹤　罗忠文　金　星　姚光庆　饶建华

章军锋　梁　志　董元兴　程永进　蓝　翔

选题策划：

毕克成　蓝　翔　张晓红　赵颖弘　王凤林

前　言

《油气储层地质学实训教程》是《油气储层地质学》教材配套的实习及实训教材。该教材由中国地质大学(武汉)实验教学教材基金及中国地质大学(武汉)资源学院教材出版经费联合资助出版,适用于石油工程、资源勘查工程等相关本科四年制专业教学,也可供相关专业研究生和科技工作者参考使用。

油气储层地质学不仅是一门理论课程,更是一门适用性、操作性、实践性很强的课程,涉及动手操作内容多、涉及面广、方法手段多。出版《油气储层地质学实训教程》对学生学会基本操作、加深相关概念和理论的理解及培养动手能力很有必要。目前,有关此类实习及实训教材或指导书不多见,本教材的出版也是填补这一缺憾之举。

本实训教程的特色是:紧密配合课程讲授内容;以储层地质研究方法为重点;注重动手能力和实际操作能力;引入科研生产实际资料;以探究型和综合分析实习为主。实训课程设置的实验涵盖了岩芯分析、测井分析、沉积相分析、岩石特征、储层物性、野外观察和储层建模等内容,属于基本的储层地质学知识体系和方法体系,需要学生加深和强化理解掌握的知识点。

本实训教材整理了14个实训实习及1个建模软件操作指导,内容可以为不同专业、不同课时课程提供实习实训选择,供教师应用于野外、实验室、课堂,或者课余作业时选择,也可以供相关专业高年级学生和生产部门科技人员自学、自习及科学训练选择使用。

该实训教材由姚光庆主编,袁彩萍、周锋德、李嘉光为副主编,全书由姚光庆、袁彩萍统稿。

感谢中国地质大学(武汉)实验室设备处、教务处、资源学院对该教材出版的支持和帮助。本书编写过程中,使用了许多多年来科研合作单位的实际资料,在此对中国石油化工有限公司河南油田分公司、中国海洋石油总公司湛江分公司、中国石油天然气集团公司大港油田表示衷心地感谢。

书中存在错误和不足,敬请读者批评指正。

作者

2015 年 11 月 5 日

目 录

实训一　岩芯编录 …………………………………………………………………………… (1)
实训二　岩芯岩性观察与描述 ……………………………………………………………… (7)
实训三　岩芯裂缝观察与描述 ……………………………………………………………… (18)
实训四　砂泥岩测井岩性及测井相识别 …………………………………………………… (25)
实训五　白云岩地层测井岩性判别 ………………………………………………………… (34)
实训六　河道砂体对比剖面图 ……………………………………………………………… (41)
实训七　砂体等厚图 ………………………………………………………………………… (46)
实训八　砂岩粒度分析 ……………………………………………………………………… (51)
实训九　砂岩岩石成分类型 ………………………………………………………………… (56)
实训十　孔隙类型与成岩相分析 …………………………………………………………… (62)
实训十一　岩石孔隙结构图像分析 ………………………………………………………… (69)
实训十二　孔渗分析与流动单元划分 ……………………………………………………… (73)
实训十三　现代沉积环境考察研究方法 …………………………………………………… (78)
实训十四　野外露头储层沉积学考察研究方法 …………………………………………… (83)
实训十五　储层三维地质建模软件(Petrel 2014)操作 …………………………………… (89)
主要参考文献 ………………………………………………………………………………… (118)

实训一　岩芯编录

岩芯是石油勘探和开发过程中最直观的第一手地质资料,是地下地层、油层宝贵的实物资料。石油科技人员通过岩芯的描述和分析可以为油田地质研究、油田开发方案制订、油田储量计算和增产措施制订提供依据,从而解决与地下地质和油气田勘探开发相关的许多重要科学及工程问题。岩芯地质编录(Geological documentation of drill core)是整理、收集、观察、记录和研究岩芯中所赋存的各种地质信息及地质现象,并完成规范的岩芯录井图所包含的全部工作过程和成果资料的全称,是一项重要的基础性地质工作。

一、实训目的

油田钻井取芯工程工艺复杂、耗资巨大,但是为了解决与地下地质和油气藏有关的许多重要科学及工程问题,这项工作在每个油田都是必不可少的一项工程措施。通过本次实训,主要了解岩芯的取芯流程、岩芯地质描述与编录程序以及岩芯录井图编制,尤其要掌握岩芯编号整理内容及岩芯录井图的编制,为全面准确掌握和利用岩芯资料用于石油工程及地质研究打下基础。

二、相关知识

(一)钻井取芯的作用及意义

1. 获取地层属性信息

直接获得有关颜色、岩性、矿物组成、粒度结构、岩石类型、古生物化石、地层时代、岩石力学性质等岩石地层属性信息。

2. 沉积相与沉积环境标志

获取岩石学标志、古生物学标志、沉积层序标志、水动力学标志等,分析判断沉积岩沉积环境,划分沉积体系,预测储集层的分布。

3. 研究地层层面与构造层面

直接观察构造层面(断层面、裂缝面)、地层层面(地层不整合面)、沉积层面(冲刷面、层理面、岩性层面等)标志,建立与构造、沉积、地球物理对应的标志层(标准层),为地质构造、沉积体系研究和地震解释提供物理模型。

4. 评价烃源岩层质量

勘探早期阶段取芯目的之一是检查盆地是否有高质量的烃源岩,是否值得进一步勘探。

取芯获取的烃源岩进入实验室进行相关岩石学、古生物学、烃源岩有机分析、地球化学分析,获取生油指标参数,可以评价烃源岩层质量,进而确定选择勘探油气藏的目的层和有利地区。

5. 发现及评价油气储层

通过对取出岩芯的分析,分析钻取所得油层的孔隙度、渗透率、含油气饱和度以及油气层的有效厚度,以确定油气层的工业开采价值,从而为研究储层的四性关系(岩性、物性、电性、含油性)和储量计算提供基础资料,为测井资料解释提供物理模型。

6. 研究油、气、水物化特征

通过密闭取芯,了解储集层中流体性质和流动特性及油、气、水的分布情况,获取储层含油和含水饱和度参数。

7. 指导石油工程生产实践

在油气田开发的不同阶段,通过对取出岩芯的分析,掌握油层压裂、酸化等工程措施效果;掌握水驱油的原理和在不同条件下的油水运动规律,为油田的二次采油、三次采油提供理论依据,为油区井网调整提供基础资料。

(二)钻井取芯流程

在钻井过程中使用特殊的取芯工具把地下岩石钻取、切割,之后成块地取到地面上来,这种取到地面的成块岩石叫作岩芯。通过它可以测定岩石的各种性质,直观地研究地下构造和岩石沉积环境,了解其中的流体性质等。获取岩芯必然要用到钻井取芯工具及钻井设备。常见的钻井取芯工具有:①取芯钻头,用于钻取岩芯;②外岩芯筒,承受钻压、传递扭矩;③内岩芯筒,储存、保护岩芯;④岩芯爪,割断、承托、取出岩芯;⑤悬挂轴承、分水流头、回压凡尔、扶正器等;⑥正常的钻杆链接取芯工具一直到井口平台。

一筒岩芯长度取决于取芯筒的长度,一般9~10m不等。钻井取芯流程是一项工艺技术复杂的流程,简单概括其工艺流程如图1-1所示。

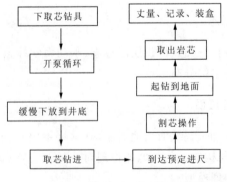

图1-1 一筒岩芯取芯工艺流程图

(三)岩芯编录

岩芯编录是指在岩芯钻探过程中进行的原始地质编录,也称为岩芯地质编录(Geological documentation of drill core)。简单地说,就是对地下钻井取出的岩芯进行整理、编号、记录的过程,是一项重要的基础地质工作,一般包括编辑记录岩石、构造和含矿性(含油性)3个方面的信息,具体过程概述如下。

1. 岩芯编号与整理

1)岩芯编号

从井场运回岩芯,用清水擦洗清除泥浆后晾干;在岩芯槽中对岩芯块进行仔细的对接,量出归位后的岩芯长度。岩芯丈量、清洗完后应立即进行编号,以防岩芯顺序混乱和丢失。对岩芯编号有如下要求:

(1)一般按岩芯出筒后的自然断块编号。自然断块过长时,泥岩每40cm编一个号,砂岩每20cm编一个号。

(2)松散、破碎的岩芯每20cm编一个号,用2cm×3cm规格的不干胶片贴在岩芯盒内壁相应位置或装破碎岩芯的塑料袋内。不足20cm时也要编号。

(3)有磨光面的岩芯,不足20cm也要编一个号。

(4)编号应避开裂缝,漆框涂在光洁的岩芯表面。

(5)逢编号10及本筒首、尾岩芯均要进行全编号。

(6)漆框规格:白漆涂成2cm×3cm的方块。

(7)编号内容:①全编号包括井号、块号、井段(m),如图1-2所示;②一般编号仅写块号,如$2\frac{7}{46}$,意为本井第2筒岩芯,该筒共编46个块号,该块为第7号。

$$\boxed{\begin{array}{c} 花23井 \\ 2\frac{7}{46} \\ 1287.11\sim1295.32m \end{array}}$$

图1-2 岩芯编号格式示范图

2)画岩芯方向线、整米、半米长度记号

岩芯编号后,对好茬口,避开编号码,用红漆自顶而底在岩芯上画一条直线,箭头指向底部,即岩芯方向线。在方向线上自顶而底逢整米、半米贴直径为1cm的不干胶圆片,并用黑墨水写上距顶0.5m、1.0m、1.5m的字样。若岩芯破碎,可移到完整岩芯上,此时可不按整米、半米标记,写实际长度。

3)劈岩芯

(1)对砂岩储层、裂缝性泥岩、碳酸盐岩均需对半劈开,以便仔细观察含油气情况。

(2)对沉积构造、特殊岩性也要对半劈开,以便仔细观察沉积特征及含有物。

(3)劈岩芯的方向应避开岩芯方向线。

(4)劈开后的岩芯应重新对好,劈坏的岩芯编号及长度记号,要移动位置重新补上。

(5)需取全直径样的岩芯或有特殊要求的样品不要劈开。

2. 计算岩芯收获率

对每筒岩芯进行丈量,按照下面公式计算岩芯收获率。取芯井段可能有几筒次乃至几十筒次取芯操作,计算每筒次取芯收获率。

$$岩芯收获率 = \frac{本次岩芯出筒丈量长度(m)}{本次取芯进尺(m)} \times 100\% \tag{1-1}$$

计算结果取小数点后 2 位,第二位四舍五入。

计算每筒次取芯收获率不仅是评价钻井取芯工程质量的重要指标,也是岩芯归位、编制高质量录井图和地质研究的需要。

3. 岩芯装盒与归库

(1)装岩芯。面对岩芯盒,将岩芯按自顶而底的顺序自上而下、自左而右放入岩芯盒。摆放时必须按丈量时的顺序对齐排好。破碎岩芯用塑料袋装好,放在原位。每筒岩芯的顶底应有隔板,隔板上贴有标签,标明井号、取芯筒次、顶底界、首尾块号。空筒时,在盒内用木牌标记,并在标签上标明上述数据,并注明岩芯长度为零。

(2)岩芯盒编号。面对岩芯芯盒,在其内侧,自左而右按格子顺序喷上井号汉字、井号数字、盒号、井段及首尾岩芯芯块号,如:花、23 井、5-1 盒、1696.00~1703.50m、$1\frac{1}{23}$—$1\frac{5}{23}$(图 1-3)。

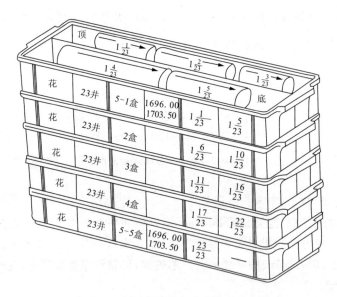

图 1-3 岩芯盒编号和岩芯排列示意图

(3)岩芯归库。将整理好的岩芯系统照相(包括荧光照相),系统岩芯扫描保存电子的岩芯资料,之后岩芯装箱、建立岩芯档案文件,这样岩芯箱可以托运到存放岩芯的岩芯库长期保留。

(四)岩芯归位与岩芯录井图

岩芯归位(True depth determination of core),根据岩芯的长度、磨损程度、收获率、岩性、含油性等,利用大比例尺的微侧向、自然伽马曲线或其他有关测井曲线对岩芯顺序、深度、厚度进行校正,达到岩性电性一致的工作。

岩芯录井(Core logging),对钻井中取出的岩芯进行丈量、计算、归位;观察和描述岩芯的岩性、矿物成分、结构、沉积构造、产状、孔隙裂缝、各种次生变化、含油气情况,鉴定所含古生物;对岩芯表面和断面上的特殊地质现象进行素描、摄影、摄像;对岩芯选取样品进行化学、物理分析;最后,完成一张综合图的编制——岩芯综合录井图(图1-4)。岩芯编录、岩芯归位、岩芯描述等工作都是岩芯编录工作的一部分。

在井口或井场经过编录完成的岩芯存入岩芯库集中保管后,作为该井的重要资料。地质人员要完成本井岩芯录井图绘制和上交工作。岩芯录井图一般采用1:100比例尺,对于较重要层段的岩芯也可以用1:50比例尺绘制柱状图。该项工作要将取芯过程中的钻井深度与测井深度(井深)对应和匹配,将岩芯按照测井深度对应成图的过程就是岩芯归位。图1-4是一口岩芯录井图的实例。

需要说明的是,岩芯归位要考虑岩芯缺少、磨损、膨胀等引起的深度变化,更重要的是要与测井深度建立高度匹配一致关系。所以,通常会出现测井深度与岩芯深度两个深度相差1~2m或7~8m差别的现象,这都是正常的,不能直接用取芯深度进行与测井相关的计算和统计。因此,准确归位是岩芯图制作的关键。

三、实训内容及要求

(1)实际观察岩芯盒编号、岩芯编号和摆放位置情况。
(2)读懂岩芯录井图包含的信息。
(3)根据具体岩芯录井图,换算每筒次取芯岩芯深度与测井深度归为对比表。
(4)学会绘制岩芯录井图。
注:岩芯由实验室单独提供。

思考题

1. 钻井标记深度、岩芯标记深度、测井标记深度是否一致?为什么?
2. 岩芯收获率可以大于100%吗?为什么?
3. 岩芯块体上的编号$1\frac{1}{23}$,各个数字代表什么含义?
4. 岩芯录井图一般包含几列主要内容?
5. 在岩芯库中,如何快速找到你要观察的岩芯盒?观察岩芯一般应从哪个位置开始?

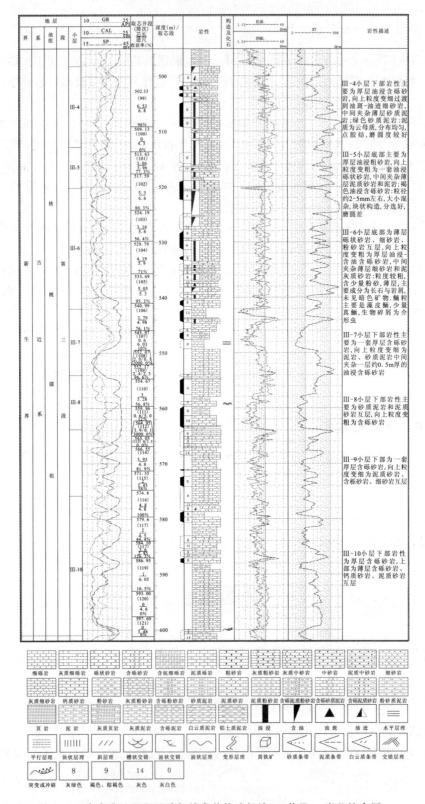

图1-4 南襄盆地泌阳凹陷杨楼鼻状构造杨浅19井Ⅲ₄₋₁₀岩芯综合图

实训二　岩芯岩性观察与描述

岩石分为沉积岩、岩浆岩和变质岩三大类,三大类岩石都可以作为油气储集层形成工业性油藏,因此实际工程实践中三大类岩石都有可能进行取芯。本节主要关注沉积岩地层岩芯描述。岩石学观察分析按照观察方式包括野外露头、岩芯(手标本)及微观 3 种尺度,其中岩芯(手标本)的观察是最常用的,岩芯岩性观察与描述对正确认识岩石类型、生油层和储层性质、分析其储层特性和沉积特征有重要意义。

一、实训目的

通过实际岩芯的观察与描述,掌握岩石类型识别方法;掌握岩芯描述内容和描述记录方法;掌握储层物性特征及含油性情况;了解主要沉积相标志和沉积相类型等。

二、相关知识

(一)沉积岩大类岩石类型

沉积岩的分类通常是以成因和组成的物质成分和结构来划分,一般分为粗粒碎屑岩、细粒碎屑岩、火山碎屑岩、化学岩、生物岩等常见类型。

1. 粗粒碎屑岩

碎屑岩按粒度及岩矿含量分为砾岩、砂岩等。

砾岩为沉积的砾石经压固胶结而成,碎屑物中岩屑较多。砾石也多为岩块(这种岩块可以是多矿岩组成,也可以是单矿岩组成)一般含量大于 50%。根据砾石形状又可以分为角砾岩(砾石棱角明显)和砾岩(砾石有一定磨圆度)。

砂岩为沉积的砂粒经固结而成。它的颜色取决于成分,具有明显的层理构造和砂状碎屑结构。按砂状碎屑的粒度,可进一步划分为粗粒、中粒、细粒和粉粒结构,以此分别定名为粗砂岩、中粒砂岩、细砂岩和粉砂岩。砂岩的主要成分是石英、长石的矿物碎屑和岩屑。

2. 细粒碎屑岩

主要由粒径小于 0.004mm 的碎屑物组成。这类岩石具有泥质结构、层理构造。当层理很薄,风化后呈叶片状,称为页理。具有页理构造的黏土岩就叫页岩,否则叫泥岩。

泥岩又可分为含粉砂泥岩、粉砂质泥岩、钙质泥岩、硅质泥岩、铁质泥岩、碳质泥岩、锰质泥岩、黄色泥岩、灰色泥岩、红色泥岩、黑色泥岩、褐色泥岩、高岭石黏土岩、伊利石黏土岩、高岭石-伊利石黏土岩等类型。

3. 火山碎屑岩类

基本上皆由火山喷发时产生的碎屑物质降落到地面直接堆积而成。由于一般未经流水搬运,故碎屑都具棱角状外形,且成分亦与沉积碎屑岩截然不同。根据碎屑大小可分为火山集块岩($d>50mm$)、火山角砾岩($d=2\sim50mm$)及火山凝灰岩($d<2mm$)。

4. 化学岩

化学岩又称"化学沉积岩"。其是母岩风化产物中的溶解物质(真溶液或胶体溶液)搬运到湖泊或海洋盆地,以化学方式沉积下来(以生物化学方式沉积下来的称"生物化学岩",如硅藻土、介壳石灰岩、礁石灰岩、磷块岩等),经成岩作用形成的岩石,如铝质岩、铁质岩、锰质岩、某些硅质岩、磷质岩、碳酸盐岩、盐岩、可燃性有机岩等。这类岩石往往本身就是一些有重要意义的沉积矿床,如岩盐矿、钾盐矿、石膏矿、芒硝矿、石灰石矿、白云石矿、铁矿、锰矿、铝土矿等。这是一类由化学方式或生物参与作用下沉积而成的岩石。主要由盐类矿物和生物遗体组成,具有结晶结构、生物碎屑结构和层理构造。常见者多为碳酸盐岩,如结晶灰岩、鲕状灰岩、白云岩、生物灰岩等。

5. 生物岩

基本由大量生物体遗骸沉积经成岩作用形成,也经过一些化学变化,因此严格地说应该称为"生物化学岩"。由于生物体含有大量的钙、磷和有机物质,因此形成的岩石也含有这些物质,主要有介壳石灰岩、磷块岩、礁石灰岩、硅藻土以及可燃的有机岩石。通常狭义的生物岩特指煤层和油页岩。

(二)沉积岩岩芯岩性描述

岩性描述内容包括如下几个方面:颜色、油-气-水产状、矿物成分、胶结物、结构、构造、化石、含有物、滴酸反应程度、接触关系、素描图等。

1. 颜色

颜色是岩石最醒目的标志,它主要反映岩石内矿物的成分和沉积环境。因此,地质工作者在给岩石定名时,把颜色放在最前面,以作为鉴定岩石、判断沉积环境、地层分层和对比的重要依据。所以,在描述岩芯时,将岩芯放在光亮处,以劈开岩芯的干燥新鲜面为准。

钻井取出岩芯一般多为砂岩、砂泥混合(过渡性)岩和泥岩3种,其颜色可因其颗粒成分、胶结物、含有物及沉积环境不同呈现不同的颜色。

单一颜色:为一种颜色,如灰色、白色等。在描述时,常加形容词来说明颜色的深、浅,如浅灰色、深灰色等。

混合颜色:是指两种颜色较均匀分布,其中一种较突出,另一种次之。描述时将主要颜色放在后,次要颜色放在前。如灰白色粉砂岩,是以白色为主,灰色次之。混合颜色也有深浅之分,如绿灰色粉砂岩等。

杂色:一般由3种以上颜色混合组成,或各自呈不均匀分布。如斑块、斑点和杂乱分布,往往以某一种颜色为主;其他颜色杂乱分布,具有杂色的岩性一般多为泥质岩类。如紫红杂灰绿色粉砂质泥岩,以红色为主,紫色次之,其次是杂色中绿色多,灰色少。

含油砂岩的颜色,其颜色深浅一般是反映含油饱满程度的,即含油饱满颜色较深,呈棕色、褐色和棕褐色等;含油不饱满颜色较浅,呈浅棕色、棕黄色等。轻质油和稠油含油颜色会有不同变化。

2. 岩芯含油性

含油性一般通过含油级别加以描述确定。岩芯的含油级别主要依据含油产状、含油饱满程度和含油面积来确定,含油级别一般分为6级(表2-1)。

表 2-1 岩芯含油级别分类依据表

含油级别	含油面积占岩石总面积的百分比(%)	含油产状及饱满程度	颜色	油脂感	味	滴水试验
饱含油	≥95	含油饱满、均匀,局部见不含油的斑块、条带	棕色、棕褐色、深棕色、深褐色、黑褐色,看不见岩石本色	油脂感强,染手	原油味浓	呈圆珠状,不渗入
富含油	70~95	含油较饱满、较均匀,含有不含油的斑块或条带	棕色、浅棕色、黄棕色、棕黄色,不含油部分见岩石本色	油脂感较强,染手	原油味较浓	呈圆珠状,不渗入
油浸	40~70	含油不饱满,含油呈条带状、斑块状不均匀分布	浅棕色、黄灰色、棕灰色,含油部分看不见岩石本色	油脂感弱,可染手	原油味较淡	含油部分滴水呈馒头状
油斑	5~40	含油不饱满、不均匀,多呈斑块、条带状含油	多呈岩石本色	油脂感很弱,可染手	原油味淡	含油部分滴水呈馒头状,缓渗
油迹	<5	含油极不均匀,含油部分呈星点状或线状分布	为岩石本色	无油脂感,不染手	能闻到原油味	滴水缓慢渗入
荧光	肉眼看不见原油	荧光滴照2级或2级以上	为岩石本色或微黄色	无油脂感,不染手	一般闻不到原油味	渗入

3. 矿物成分

一般碎屑矿物成分以长石、石英、岩屑为主,其他成分为辅。现场对碎屑物质成分的描述只说明其主要矿物与次要矿物的相对含量。一般用"为主""次之""少量""微量""偶见"等词语加以描述。特殊成分如见之不鲜时用"富含""富集"等表示。描述时应先描述含量多的,后描述含量少的。如果同一述语中有几种矿物成分,其间用顿号分开,前面的含量多,后面的含量少。如"长石、石英为主",表示长石的含量多于石英的含量。当然,碎屑颗粒达到粉砂以下级别时,颗粒矿物成分无法通过肉眼识别。

4. 结构

岩石结构(Texture of rocks):一般理解为组成岩石的矿物结晶程度、大小、形态以及晶粒之间或晶粒与基质之间的相互关系。岩芯尺度下,通过肉眼具体描述的岩石结构内容较多,主要包括颗粒粒度(颗粒直径)、颗粒磨圆形状(圆、次圆、棱角、次棱角)、颗粒分选(好、中等、差3级别)、岩石致密胶结程度、物性等。通常用结构成熟度反映其好坏程度,颗粒均匀、颗粒磨圆好、颗粒分选好、泥质含量低的砂岩结构成熟度高。

颗粒粒度(颗粒直径):按照颗粒粒径大小描述,并给予定名(图 2-1,附图 2-1)。颗粒的最大视直径:以十进制(d,mm)或以伍登-温特华斯标准(Φ)表示,$\Phi=-\lg d$。

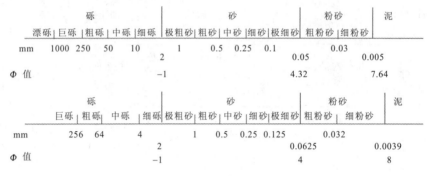

图 2-1　颗粒粒度示意图(引自马昌前等,2012)

颗粒形状:按照搬运距离由近及远分别用极棱角、棱角、次棱角、次圆、圆、极圆表示(图 2-2)。

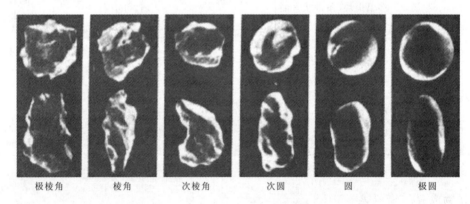

图 2-2　颗粒的形状分类图(据鲍尔,1953)

颗粒分选:分为极好、好、较好、中等、差、极差 6 个级别(图 2-3)。
岩石胶结程度:一般分为极致密、致密、中等、松散和未胶结 5 类。
物性:与胶结致密程度有关,按照物性发育程度描述,如物性好、物性中等、物性差、致密。

5. 沉积构造

沉积构造是岩石的成分、结构、颜色等沿垂直方向变化形成的层状构造,即层理。层理描述的内容包括层理及其变形特征、层面特征、倾角、颗粒排列等。
主要层理类型有块状层理、递变层理、复合层理(波状层理、脉状层理、透镜状层理)、交错层理、平行层理、水平层理等类型(图2-4)。

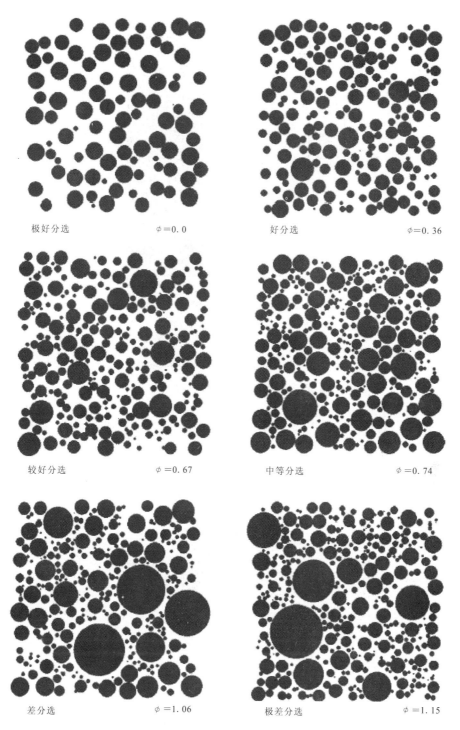

图2-3 岩石颗粒分选示意图(杰伦,2001)
图中 ϕ 为分选系数

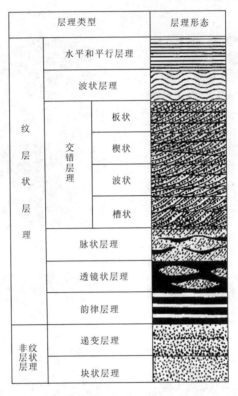

图 2-4 常见层理类型示意图

层理具有三维结构形态，图 2-5 为交错层理三维形态，显示层理组、层理、纹层 3 个尺度的结构变化特征。

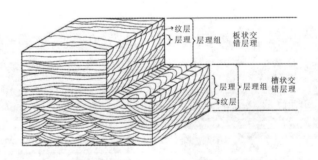

图 2-5 层理三维结构图

6. 沉积旋回

沉积旋回(也叫沉积韵律)是指岩性在地层垂向剖面上由粗到细或由细到粗重复出现的组合。

自下而上，岩性按砾岩、砂岩、粉砂岩的顺序出现，即向上变细的旋回为正旋回。自下而上，岩性按泥岩、粉砂质泥岩、泥质粉砂岩、砂岩和细砾岩的顺序出现，即向上变粗的旋回为反旋回。

由正旋回和反旋回组合在一起,形成的细—粗—细或者粗—细—粗的规律,为复合旋回。在描述旋回时,要结合岩石成分、颜色、结构等特征,重点要对粒度的变化作细致描述,同时对韵律的厚度、接触关系、变化趋势等也加以描述。每描述一段岩性后,都要对沉积旋回进行综述。

7. 生物化石

化石描述内容包括化石名称、产状、颜色、大小、形态、数量、纹饰、分布和保存情况等。

(1)名称:地层中常见生物化石有动物和植物化石,各个地区有所不同,陆相地层常见介形虫,叶肢介、螺、蚌、鱼、骨化石碎片,植物根、茎、叶、碳化植物等。

(2)产状:指化石在岩石中的产出状态,其分布可以是平行层面、垂直层面、倾斜或杂乱分布等。

(3)颜色:按照描述岩石颜色的方法描述。

(4)成分:动物化石充填物为灰质、硅质和白云质等。

(5)大小:长、宽、高等。

(6)形态:指化石外形特征,如纹饰、清晰程度和形状等。

(7)数量:可用"偶见""少量""较多""丰富"等词表示。

(8)保存情况:化石保存的完整程度。

8. 滴酸反应程度

岩石含钙质程度与储层物性的好差密切相关。现场常用5%和10%(冬季)浓度的盐酸溶液滴于岩芯上,其反应程度分剧烈(用"＋＋＋"号表示)、中等(用"＋＋"号表示)、弱(用"＋"号表示),加盐酸后不反应用"－"表示。

9. 接触关系

地层岩性的接触关系是指不同岩性接触面及其沉积变化特征。现场描述一般分以下3种类型。

(1)渐变接触:不同岩性逐渐过渡,无明显界限。

(2)突变接触:不同岩性分界明显,但为连续沉积。

(3)冲刷面:不同岩性接触处有明显冲刷切割现象,并常有下伏沉积物碎块等。

三、实训内容及要求

1. 岩芯描述工具

准备岩芯描述工具和岩矿鉴定用品,特别是记录本、岩芯描述记录表格、米尺、直尺、照相机、标尺、榔头、小刀、玻璃板、稀盐酸、放大镜等。

2. 岩芯描述前的准备工作

(1)检查井号、本次取芯次数、井段、进尺、岩芯长度和收获率是否正确。

(2)检查岩芯盒号顺序摆放是否正确,上下是否颠倒。

(3)岩芯盒内岩芯顺序和位置是否正确,按岩芯顺序自上而下、自左而右检查岩芯顺序是否颠倒,碴口是否对齐、吻合,磨光面和破碎岩芯摆放是否合理。

(4)检查岩芯编号、长度记号、岩芯卡片是否正确,有无遗漏及不合要求等。

3. 岩芯描述原则

"客观、准确、科学、规范、统一"是岩芯描述要遵循的基本原则。
(1)客观:尊重实际资料和地质现象,实事求是。
(2)准确:涉及的数据和术语要准确无误。
(3)科学:按石油地质学、沉积学、岩石学理论和方法描述。
(4)规范:文字术语、图件格式、符号说明要符合国家和行业标准,也要符合专业标准。
(5)统一:描述风格、格式、步骤、方法要一致。

4. 分层描述

(1)凡长度大于10cm的不同岩芯层均需分层段描述。
(2)不同岩芯层:指岩石颜色、岩性、粒度、含油性、层理结构和含有物等不同的层段。
(3)厚度小于10cm的含油、气岩芯和特殊岩性,如化石、标志层等要分段描述。

为简化描述内容和绘制岩芯柱状图方便,可以用下列符号代替。
(1)岩石破碎程度:在岩芯编号项下画上"△""△△""△△△"3种符号分别代表岩芯破碎程度为"轻微""中等"和"严重"3级。
(2)岩芯断面磨损时,在岩芯编号及累计长度下面标注符号。

本次岩芯观察采取分层描述方式,主要包括以下内容。
(1)取芯基本信息:井名、取芯次数与取芯井段。
(2)分层编号:本次观察分取芯次数从底向顶描述,按分层编号1、2、3。
(3)分层深度信息:记录分层顶底深度信息。
(4)岩性定名:定名规范采用"颜色+层理结构+含油性+粒度+岩性"五要素方式定名。

颜色分灰白色、浅灰色、灰色、深灰色、灰黑色、黑色、浅褐色、褐色等。

砂岩及砾岩层理包括交错层理(含板状交错层理、槽状交错层里、楔状交错层里及波状交错层理)、平行层理、递变层理、块状层理等,砾岩有砾石定向排列现象;砂泥间互层层理包括复合层理(透镜状层理、脉状层理、波状复合层理)、水平层理、块状层理等;泥页岩包括水平层理、页理、韵律层理、块状层理等。

含油性分含油、油浸、油斑、油迹等。

粒度分泥状、粉砂、细砂、中砂岩、粗砂岩、砂砾岩、砾岩、混杂砾岩等。

岩性包括砂砾岩、泥页岩、灰岩、白云岩、火山岩、变质岩等大类。砂泥岩主要分页岩、泥岩、含砂泥岩、粉砂质泥岩、泥质粉砂岩、含泥粉砂岩、粉砂岩、细砂岩、中砂岩、粗砂岩、含砾砂岩、砂砾岩、砾岩、混杂砾岩以及互层类岩性,如含泥质条带、砂夹薄层泥岩、砂泥互层、泥夹薄层砂岩、含砂质条带等。确定颗粒大小的方法是同标准方格纸或与标准砂比较,定名时一般以含量大于50%者作为定名的基本名称,含量在50%~25%之间者以"××质"表示;含量在25%以下者则以"含××"表示,岩石成分含量可以采取目估测量方法确定(附图2-1)。例如某岩石中的碎屑颗粒含量在80%以上,但砾级的只有20%,其他则为砂级。根据上述原则,该岩石可命名为含砾砂岩。

(1)底界面性质:其中包括突变、冲刷、渐变等。

(2)层内性质描述细节:主要注意项目有沉积结构(碎屑结构、泥质结构、结晶结构、生物碎屑结构、内碎屑结构等)、颗粒分选与磨圆、沉积构造特征、粒序特征、小型断层以及裂缝等;对于含有砾石除上述细节外,还要描述砾石成分、含量、结构、定向性等内容。

(3)层内含有物:生物化石及生物遗迹、胶结程度、成岩自生矿物等。

(4)备注信息:如岩性风化破碎等特殊情况。

5. 各种岩性描述注意事项

(1)泥岩类:①颜色。黑色→灰黑色→深灰色→灰色→浅灰色。

②纯度。泥岩→含砂泥岩(砂<25%)→砂质泥岩(25%<砂<50%)。

③层理性质。块状或水平层理。

④注意与页岩的区分。层理发育,显薄页状或薄片层状;描述页岩时,主要注意颜色。

(2)砂岩类:①砂岩粒级、分选性、粒序变化。

$$
粒度参考标准\begin{cases} >2\text{mm}——砾岩 \\ 2\sim0.5\text{mm}——粗砂岩 \\ 0.5\sim0.25\text{mm}——中砂岩 \\ 0.25\sim0.0625\text{mm}——细砂岩 \\ 0.0625\sim0.0039\text{mm}——粉砂岩 \end{cases}
$$

②层理类型及层理变化特征。包括指示层理性质的层内构造,如砾石定向排列、植物碎屑成层分布等。

③界面性质。注意界面附近岩性变化特征,包括反映冲刷性质的泥砾。

④含油性。油斑→油迹→油浸→含油→饱含油。

⑤胶结状况。胶结强度、胶结类型以及其他特殊情况。

(3)砾岩类:①砾石砾径、分选性、磨圆度、砾石分布、粒序变化、砾石成分等。

②层理类型及层理变化特征。包括指示层理性质的层内构造,如砾石定向排列、植物碎屑成层分布等。

③界面性质。注意界面附近岩性变化特征,包括反映冲刷性质泥砾。

④含油性。油斑→油迹→油浸→含油→饱含油。

⑤胶结状况。胶结强度、胶结类型以及特殊情况。

⑥砾岩分类。按砾石含量分含砾砂岩、砂砾岩、砾岩、富泥砾岩以及混杂砾岩。

(4)互层类:①注意与夹层的区别。互层的砂泥两种岩性厚度相当,而夹层则是在厚的主体岩性下夹薄层夹层。

②互层的两种岩性接触界面性质。

③层理面性质。互层类常发育复合层理且生物活动发育。

6. 岩芯段岩性描述(注:岩芯单独提供)

根据实际岩芯层段,按照实训二附表2-1格式,完成岩性分层描述。同时,完成岩芯段岩性柱状图(岩芯录井草图)。

附表 2-1　×××地区岩芯描述记录

井名：_____；取芯井段：_____m；进尺：_____m；芯长：_____m；收获率：_____%

描述层编号	层顶底面深度(m)	层厚(m)	描述层定名	层底界面性质	描述层细节	层内含有物	备注

描述人：　　　记录人：　　　审核人：　　　负责人：　　　日期：　　　总页码：　　　页码：

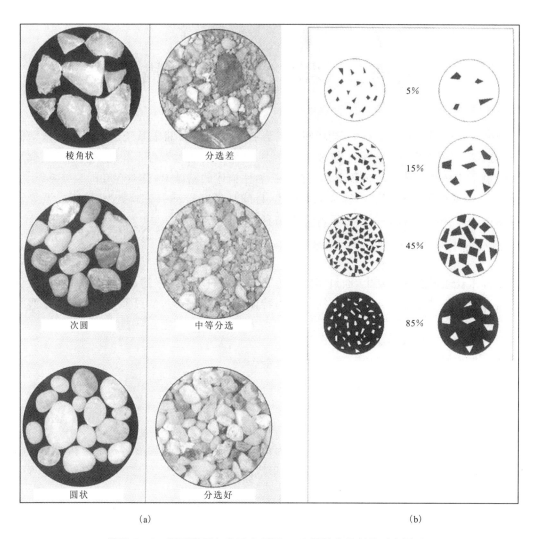

附图 2-1 岩石磨圆与分选实例图(a)和颗粒含量目估示意图(b)

思考题

1. 岩芯岩性描述内容有哪些？
2. 如何准确确定岩石岩性名称？
3. 岩芯中观察到的主要沉积相标志有哪些？
4. 岩芯为何要进行劈分？
5. 如何判断某一块岩芯手标本的顶底位置？

实训三 岩芯裂缝观察与描述

裂缝广泛存在于各类岩石中,构成特殊的岩石裂缝渗流及储集系统。在非常规致密储层(如页岩、煤层储层)和火山岩或者变质岩储层中,裂缝系统通常发育。裂缝系统是该类储层中油气储集尤其是油气开发的必备因素。在岩芯岩性描述的基础上,针对存在的裂缝系统,要专门仔细、系统科学地进行岩芯裂缝观察与描述,目的是研究岩石中裂缝类型、成因以及导流和储集能力,为油田开发提供储层表征的详细信息。

一、实训目的

在岩芯岩性识别的基础上,通过实际岩芯裂缝系统的观察与描述,掌握单条裂缝及裂缝组合的描述参数和描述记录方法;分析裂缝成因特征及其储集能力;掌握天然裂缝与人工裂缝的区别方法。

二、相关知识

1. 裂缝的分类

目前,裂缝有以下几种分类方法。

(1)成因分类:根据地质成因,将裂缝分为构造缝、成岩缝与诱导缝。构造缝指岩石在构造作用下形成的裂缝。成岩缝指在成岩过程中形成的裂缝。诱导缝(人工缝)指在钻井过程中形成的裂缝。

(2)力学性质分类:根据裂缝形成时的力学性质,将裂缝分为张裂缝、剪裂缝和张剪裂缝。在裂缝的直观观察中,可以通过裂缝面上的擦痕、填充物生长情况、阶步等对裂缝性质进行判别。

(3)裂缝开度分类:裂缝的开度决定了裂缝的规模,同时也是裂缝物性参数计算中的关键参数。按裂缝的开度,可以分为微裂缝和大裂缝。微裂缝指的是开启程度小于 $100 \mu m$ 的裂缝。

(4)裂缝产状分类:按照裂缝与垂直于岩芯轴平面的夹角大小,可将裂缝分为高角度、低角度、斜交缝、水平缝和网状缝。水平缝是倾角小于 $15°$ 的裂缝;低角度缝是倾角在 $15°\sim45°$ 的裂缝;斜交缝是倾角在 $45°\sim75°$ 的裂缝。

(5)裂缝形态分类:按破裂面的形态可分为开启缝、闭合缝、充填缝。开启缝是指裂缝两壁间有一定的开度且无充填物,它是油气的最佳储集空间和运移通道;闭合缝是指裂缝两壁之间没有开度;充填缝是指裂缝形成后被矿物充填,根据岩性不同,填充物可分为泥质、钙质和碳质等。

2. 单一裂缝参数

单一裂缝参数指的是裂缝固有的特征,诸如裂缝的张开度(宽度)、大小和性质,以及裂缝的方向等(表 3-1)。

(1) 裂缝的宽度：裂缝的张开度或裂缝宽度可由裂缝壁之间的距离来表示。张开的宽度(在油藏条件下)与埋藏深度、孔隙压力和岩石类型有关。裂缝宽度在 $10\sim200\mu m$ 之间变化，但统计资料已表明最常见的范围是在 $10\sim40\mu m$ 之间。裂缝宽度在油藏和地面条件(实验室)下的差别常常是因为实验室条件下岩样中的围压和孔隙压力已被释放掉所致。

(2) 裂缝的大小：裂缝的大小指裂缝的长度和岩层厚度之间的关系，特别是当这些参数需要做出定性评价时尤其有用。在这种情况下，裂缝可被评价为小、中等和大裂缝。

(3) 裂缝的性质：包括裂缝张开特征、裂缝充填情况和裂缝壁特性等，张开和闭合、充填与否、壁表面擦痕等特征都是反映裂缝成因和属性特征的重要性质。

(4) 裂缝的方向或产状：裂缝在空间上是一个面(近似)，准确的定位要通过走向、倾向和倾角这些产状参数加以描述，这与地质界面的描述方法是一致的。其中倾角大小是可以通过岩芯和测井加以描述的参数，倾向和走向在单井资料中描述相对困难。成像测井常用来确定裂缝的方向、倾角和裂缝开度等。

3. 多裂缝参数

多裂缝储层是由裂缝和缝间基质岩块组成的集合体。研究的重点是破裂程度及多裂缝的空间组合关系。通常用以下参数描述(表 3-1，图 3-1～图 3-3)。

表 3-1 裂缝描述参数

单条缝	裂缝宽度（开启与闭合）	$\varepsilon=\varepsilon'\times\cos\theta$。其中 ε 为裂缝面真实宽度(cm)；ε' 为裂缝面视宽度(cm)；θ 为测量面与裂缝面的夹角(°)
	裂缝的长度	裂缝的长度指在裂缝的走向上裂缝延伸的距离
	裂缝的产状	包括倾角、倾向、延伸方向及与层面的关系等。按产状分为水平缝(0°～15°)、低角度斜交缝(15°～45°)、高角度斜交缝(45°～75°)、垂直缝(75°～90°)
	裂缝的充填情况	裂缝中充填矿物的成分和分期性，以及裂缝含油性
	裂缝壁	光滑，或粗糙，或阶梯面等
多条缝	裂缝网络	裂缝期次、裂缝组合、裂缝交叉，以及基质岩块特征等
	裂缝间距	岩芯上对于同一组系的裂缝应对其间距进行测量，裂缝间距是指两条裂缝之间的距离(e)，裂缝间距的大小决定裂缝孔隙度的高低
	裂缝密度	体积裂缝密度 $V_{fD}=S/V_B$ 定义：裂缝总表面积(S)与基质总体积(V_B)的比值。 面积裂缝密度 $A_{fD}=L/S_B$ 定义：指裂缝累计长度 $L=n_f\times\lambda$ 和流动横截面上基质总面积(S_B)的比值，其中 n_f 为裂缝总条数；λ 为平均裂缝长度。也可以将单位面积上的裂缝条数称为视面积裂缝密度。 线性裂缝密度 $L_{fD}=n_f/L_B$ 定义：指与一条直线(垂直与流动方向或指岩芯的中线)相交的裂缝条数和此直线长度的比值，L_B 为所作直线的长度
	裂缝孔隙度	$\Phi_f=\dfrac{b}{b+h}$，其中 Φ_f 为裂缝宽度；b 为裂缝宽度；h 为裂缝间距
	裂缝渗透率	$K_f=\dfrac{b^3}{12\cdot h}$，表示裂缝渗透率($K_f$)与宽度($b$)和层厚($h$)的关系

图 3-1　白云岩岩芯裂缝发育段照片

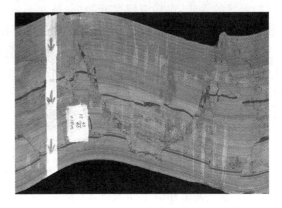

图 3-2　白云岩裂缝发育段 360°展开图
（与图 3-1 对应）

（1）裂缝等级（破裂程度）：裂缝的分布用破裂系数的等级来表示。如果在各裂缝体系中有连续的通路且各体系是彼此相等的，则这个系数将是较强的。如果在各裂缝体系中的相互连通受到阻隔，并且如果一个体系的破裂作用压倒了其他体系，则破裂的等级将是较弱的。

（2）基质岩块单元（Block units）：在各个方向上切割油藏岩石的裂缝，划分出了被称为基质岩块单元或简称基质岩块的岩体单元。

基质岩块是由裂缝体系的倾向、走向和分布形状、体积和高度来确定的。基质岩块的形状是不规则的，但是在实际工作中，岩块单元被简化为简单的几何体积，诸如立方体或拉长的或高平的平行六面体。

Ruhland 通过简化的几何模型所描述的各种岩块形状将各个岩块的基本尺寸联系起来。

图 3-3　含砾砂岩岩芯段低角度裂缝照片

（3）裂缝密度：裂缝密度通过各种相对的比值说明岩石破裂的程度。如果这一比值是对体积而言，则裂缝密度称为体积裂缝密度。如果这一比值是对面积或长度而言的，裂缝密度被称为面积或线性裂缝密度。这些密度的分析表达式如下：

体积裂缝密度（V_{fD}）：裂缝总表面积（S）与基质总体积（V_B）的比值。

$$V_{fD} = S/V_B$$

面积裂缝密度(A_{fD}):指裂缝累计长度(L)和流动横截面上基质总面积(S_B)的比值。

$$A_{fD} = L/S_B$$

线性裂缝密度(L_{fD}):也称裂缝率、裂缝频率或线性频率。指与一直线(垂直于流动方向)相交的裂缝数目(n_f)和此直线长度(L_B)的比值。

$$L_{fD} = n_f/L_B$$

(4)裂缝强度:裂缝密度表示单一层内裂缝的发育程度,裂缝强度则描述不同厚度和岩性层之间裂缝的发育程度。

三、实训内容及要求

(1)分层段描述岩芯裂缝系统,完成描述表格,格式见本次实训附表1、附表2。
(2)描述单条裂缝参数。
(3)计算多裂缝线性密度。
(4)计算含裂缝层段孔隙度及渗透率。
注:岩芯单独提供。

思考题

1. 天然裂缝与人工诱发裂缝、裂缝与岩层面如何区分?
2. 裂缝期次性如何确定?
3. 裂缝充填物质成分如何识别?
4. 页岩储层中存在天然裂缝对于页岩气开发是有利还是不利?为什么?
5. 野外露头岩石裂缝描述与岩芯裂缝描述有何异同?

附表 1　大港油田塘沽地区裂缝描述记录　　井名：塘 12C

取芯次数:12　　取芯井段:3145.28~3153.43m　　进尺:8.15m　　芯长:8.15m　　收获率:100%

层号	岩芯编号	深度(m) 顶深	深度(m) 底深	厚度	岩性	裂缝组合参数 裂缝期次	裂缝组合参数 条数	裂缝组合参数 交切关系	单裂缝参数 裂缝倾角(°)	单裂缝参数 裂缝倾向与岩层倾向夹角(°)	单裂缝参数 长度(cm)	单裂缝参数 开度(mm)	充填状况	其他描述
15	12-46-17~20	3148.2	3149.02	0.82	灰白色水平纹理白云岩	3	9	10.98	50	100	长的5,其他1~3	开启,<1,部分达到1	无	7 条
14	12-46-21~23	3149.02	3149.41	0.39	灰白色白云岩夹棕黑色沥青质充填	1	7	17.95	48	108	2条长的12,其他6~8	开启,<1	顶底部沥青充填	中间断开裂缝有岩块破碎,断面较粗糙,断距2~3mm,顶部有少量跨塌角砾
13	12-46-24	3149.41	3149.63	0.22	浅灰色白云岩与泥质白云岩水平纹理白云岩互层	1	5	22.73	45	105	3~5	开启,<1	上部有沥青充填,下部无	断距1~5mm
12	12-46-25	3149.63	3149.76	0.13	灰白色水平纹理白云岩	1	1	7.69	45	110	8	闭合	无	与13层裂缝为同一组,周围微裂缝中见白石膏充填
11	12-46-26~27	3149.76	3150.21	0.45	灰白色水平纹理白云岩			0.00	55	70	7~12	开启,<1	石膏	发育一些微裂缝
10	12-46-28	3150.21	3150.47	0.26	灰白色水平纹理白云岩	1	4	15.38	70	40	>20	开启,<1	油气	断距3mm,底部1条裂缝延伸到第9层
9	12-46-29~31	3150.47	3150.94	0.47	灰白色水平纹理含油白云岩	1	1	2.13	40	60	长的16,其他6~10	最长的一条开启,其他闭合	最长的一条沥青充填	裂缝规模大,断面较光滑,周围大量微裂缝,断距5mm
8	12-46-32~33	3150.94	3151.28	0.34			2	9	26.47	55	65	3~5	开启,<1	沥青,石膏	5 条,断距4~6mm
									80	100	长的16,其他5~8	开启,<1	油气	4 条,断距3~5mm
														6条,裂缝倾角变化状,多条裂缝发育区有跨塌角砾,断距可达2.5cm

续附表 1

层号	岩芯编号	深度(m) 顶深	深度(m) 底深	厚度	岩性	裂缝组合参数 裂缝期次	裂缝组合参数 条数(条)	裂缝组合参数 交切关系	单裂缝参数 裂缝倾角(°)	单裂缝参数 裂缝倾向与岩层倾向夹角(°)	单裂缝参数 长度(cm)	单裂缝参数 开度(mm)	单裂缝参数 充填状况	其他描述
7	12-46-34~36	3151.28	3151.76	0.48	灰白色油浸白云岩	2	12	25.00	43	45	5~9	上部5条闭合,下部1条开启	上部5条无,下部1条充填石膏	6条,断距3~7mm
6	12-46-37	3151.76	3152.03	0.27	灰白色油浸白云岩	2	3	11.11	60	78	7	开启	油气	1条,裂缝发育于中部,另一边岩块缺失
5	12-46-38~40	3152.03	3152.45	0.42	灰白色变形构造油浸痕含泥白云岩	2	6	14.29	70	50	4.5	<1	无	2条,发育于下部,断距1~2mm,周围发育微裂缝
									87	50~85	4~5	闭合	无	4条,下部裂缝断距9mm,变形构造发育,上部断距1mm,裂缝总体发育于上部
4	12-46-41~43	3152.45	3152.95	0.50	灰白色水平纹理含泥白云岩	3	11	22.00	65	105	3.5,4.5	开,1,<1	石膏	2条,其中一条裂缝充填石膏
									85	85	5,15	开启	油气	2条,裂缝另一边岩块缺失,顶部裂缝见油迹,断面较光滑
									50	75	>13	开,1	无	1条,断面粗糙,断距2mm
3	12-46-44	3152.95	3153.03	0.08	浅灰色泥质白云岩			0.00	80	115	1	开启,<1	无	8条
2	12-46-44	3153.03	3153.17	0.14	灰白色油浸白云岩			0.00						发育少量微裂缝
1	12-46-45~46	3153.17	3153.43	0.26	灰色水平纹理白云质泥岩	1	2	7.69	80	99	>15,>17	开启,<1	无	下部裂缝延伸至此层
														含白云泥岩底部破碎,裂缝长度难以测量

描述人:高玉洁　　记录人:高玉洁　　审核人:　　负责人:　　日期:　　页码:　　总页码:

附表2　_____地区岩芯裂缝描述记录　　井名：_____　芯长：_____ m　收获率：_____ %

取芯次数：_____　取芯井段：_____ m　进尺：_____ m

层号	岩芯编号	深度(m)	岩性	裂缝组合参数			裂缝倾角(°)	单裂缝参数				其他描述
				裂缝期次	条数(条)	交切关系		裂缝倾向与岩层倾向夹角(°)	长度(cm)	开度(mm)	充填状况	

描述人：　　　记录人：　　　审核人：　　　负责人：　　　日期：　　　总页码：　　　页码：

实训四　砂泥岩测井岩性及测井相识别

由于钻井取芯工程费用昂贵,油田取芯井和取芯段很少。但是,每口井都有良好的全井段测井资料,利用测井资料识别岩性、识别油气层、判定沉积相成为油气田勘探开发研究的重要研究内容之一。在砂泥岩地层中,利用测井资料识别岩性及测井相是测井资料应用最为基础的部分。

一、实训目的

熟悉井径测井曲线(CAL)、自然电位测井曲线(SP)、自然伽马测井曲线(GR)、三孔隙度测井曲线[密度(DEN)、深波时差(AC)、中子(CNL)]及电阻率测井曲线系列[浅(RILS)、中(RILM)、深(RILD)、微电位(ML1)、微梯度(ML2)等]的物理含义及其所反映的地层岩性和储层属性信息。掌握利用 SP 或者 GR,配合其他曲线识别碎屑岩地层岩性特征,划分砂岩、泥岩、煤层等基本岩性类型。分析 SP 或者 GR 曲线要素,识别测井相曲线类型及其组合特征,为测井相判别沉积相研究打下基础。

二、相关知识

(一)常用的测井曲线简介

常用的测井曲线有自然电位(SP)、自然伽马 GR、电阻率(RT)等。

1. 自然电位测井曲线(SP)

(1)自然电位曲线的定义:进行自然电位测井时将对比电极 N 放在地面,测量电极 M 用电缆送至井下,提升 M 电极沿井轴测量自然电位随井深的变化曲线,该曲线称为自然电位曲线(SP 曲线)。

(2)静自然电位(SSP):在相当厚的纯砂岩和纯泥岩交界面附近的自然电位变化最大,自然电位测井曲线单位是 mV。其电动势 E 总称为静自然电位。泥岩基线:均质、巨厚的泥岩地层所对应的自然电位曲线,即 E_{da} 的幅度;而 E_d 的幅度称为砂岩线。所以,SSP 是均质、巨厚的砂岩地层的自然电位读数与泥岩基线的幅度差。

(3)使用自然电位曲线特征:①自然电位曲线没有绝对零点,是以泥岩井段的自然电位曲线幅度作基线;②砂泥岩剖面中自然电位曲线幅度 ΔU_{SP} 的读数是基线到曲线极大值之间的宽度所代表的毫伏数;③在砂泥岩剖面中,以泥岩作为基线,$C_w > C_{mf}$ 时,砂岩层段出现自然电位负异常;$C_w < C_{mf}$ 时,砂岩层段出现自然电位正异常;$C_w = C_{mf}$ 时,没有造成自然电场的电动势产生,则没有自然电位异常出现;④C_w 与 C_{mf} 差别愈大,造成自然电场的电动势愈大,这是自然电位曲线识别渗透性砂岩层的重要特征。

(4)划分渗透性岩层:在砂泥岩层剖面中,当 $R_w < R_{mf}(C_w > C_{mf})$ 时,在自然电位曲线上,以泥岩为基线,出现负异常的井段可认为是渗透性岩层,其中纯砂岩井段出现最大的负异常;含泥质的砂岩层,负异常幅度较低,而且随泥质含量的增多,异常幅度下降;砂岩的 ΔU_{SP} 还取决于砂岩渗透层孔隙中所含流体的性质,一般含水砂岩的 $\Delta U_{SP}^{水}$ 比含油砂岩的 $\Delta U_{SP}^{油}$ 要高。

2. 自然伽马测井曲线(GR)

自然伽马测井曲线的单位一般为 API(American Petroleum Institute)。它是探测自然伽马射线总强度的测井方法。在沉积岩中,放射矿物含量一般都不高,并且是分散分布在岩石中的。这些零星分散的放射性矿物是在沉积岩的形成过程中,由于母岩的携带和水的活动等多种因素作用的结果。沉积岩中放射性元素的含量取决于岩石的矿物成分、岩性、它们的成层条件、时代及其他因素。高的自然放射岩石有泥质砂岩、砂质泥岩、泥岩、深海沉积的泥岩以及钾岩层等,且自然伽马测井读数大于 100API。中等自然放射性岩石有砂岩、石灰岩和白云岩,且自然伽马测井读数介于 50~100API 之间。低自然放射性的岩石包括盐岩、煤层和硬石膏等。自然伽马测井读数小于 50API。其中硬石膏自然伽马测井读数最低,小于 10API。

自然伽马测井曲线(GR)的主要用途有:①判断地层的泥质含量,泥质含量越高,曲线幅度越高,泥质含量越低,曲线幅度越低;②判断地层放射性矿物的含量,放射性矿物含量越高,曲线越高,反之越低。

3. 电阻率测井曲线(RT)

电阻率测井曲线的单位为 $\Omega \cdot m$。通常所测的电阻率值同岩层的真实电阻率值还有一定的差别,所以称视电阻率。以研究岩石导电能力为基础的一类测井方法称为视电阻率测井法。众所周知,沉积岩中主要造岩矿物(石英、长石、方解石和云母等)的电阻率都在 $10^6 \Omega \cdot m$ 以上,因此大多数沉积岩,在其不含导电流体时,由造岩矿物组成的岩石骨架几乎是不导电的。而许多沉积岩之所以导电,是因为它们在地下不同程度地具有一定的孔隙,在其中充填了一定数量的盐水溶液造成的。根据沉积岩的导电机理,可以得出下列推论:

(1)当岩石的孔隙中全部为某种电阻率的地层水所饱和时,岩石的孔隙度越大,电阻率越低。

(2)当岩石的孔隙度一定,且孔隙中百分之百为地层水所饱和时,地层水的矿化度越高,岩石的电阻率越低。

(3)当岩石的孔隙度一定,但孔隙中不是全部为地层水充填时,含水饱和度越大,岩石的电阻率越低。

(4)在上述条件都相同的情况下,岩石所处的温度不同,电阻率也会发生一定的改变,岩石的温度越高,电阻率越低;反之,电阻率越高。

(5)岩石中的泥质成分能增强岩石的导电性。通常泥质含量(单位体积岩石中所含泥质的体积)越高,岩石的电阻率越低。

此外,孔隙度大小和孔隙结构也是影响岩石电阻率的因素。

侧向测井(Laterolog)是克服盐水泥浆影响、研究高阻薄地层的重要方法。因探测深度不同可分为深、浅侧向测井(RLLD、RLLS)。深、浅侧向测井配合使用,可以研究渗透性地层的泥浆侵入带性质,有助于划分油水层。深、浅双侧向测井曲线的重叠,能快速判断油(气)水层,在油(气)层处,曲线出现正幅度差;在水层处,曲线出现负幅度差(图 4-1)。微侧向测井(Microlaterolog)(MLL)其纵向分层能力较强,可以划分出约 50mm 的薄层。

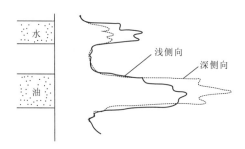

图 4-1 深、浅侧向曲线划分油水层示意图

(二)砂泥岩剖面的岩性划分

测井岩性识别的基础是岩石地层成分、孔隙性、泥质含量、结构、流体性质及其特殊含有物,常见岩性的测井特征如表 4-1 所示。

表 4-1 各种岩性的测井特征(据吴元燕,1996)

岩性	声波时差 AC ($\mu s/m$)	体积密度 D (g/cm^3)	中子孔隙度 Φ_{CNL} (%)	中子伽马 NGR (API)	自然伽马 GR (API)	自然电位 SP (mV)	微电极 ML ($\Omega \cdot m$)	电阻率 RT ($\Omega \cdot m$)	井径 CAL (cm)
泥岩	>300	2.2~2.65	高值	低值	高值	基值	低、平值	低值	大于钻头
煤	350~450	1.3~1.5	Φ_{CNL}>70	低值	低值	异常不明显		高值,无烟煤最低	接近钻头
砂岩	250~380	2.1~2.5	中等	中等	低值	明显异常	中等,明显正差异	低到中等	略小于钻头
生物灰岩	200~300	比砂岩略高	较低	较高	比砂岩还低	明显异常	较高,明显正差异	较高	略小于钻头
石灰岩	165~250	2.4~2.7	低值	高值	比砂岩还低	大片异常	高值锯齿状正负差异	高值	小于或等于钻头
白云岩	155~250	2.5~2.85	低值	高值	比砂岩还低	大片异常	高值锯齿状正负差异	高值	小于或等于钻头
硬石膏	约 140	约 3.0	≌0	高值	最低	基值		高值	接近钻头
石膏	约 170	约 2.3	约 50	低值	最低	基值		高值	接近钻头
盐岩	约 220	约 2.1	接近于零	高值	最低,钾盐最高	基值	极低	高值	大于钻头

1. 泥岩层

泥岩层具有束缚水含量高、表面导电性强、扩散吸附电动势大以及在钻井过程中容易发生垮塌等特点。它在测井曲线图上通常都表现为低的电阻率值,正的自然电位和井径扩大。纯泥岩层的平均视电阻率值通常是剖面上最低的,一般小于 $10\Omega \cdot m$。在整个剖面的地层水矿化度变化不大的情况下,厚层泥岩在自然电位曲线上大体为一稳定的直线,即泥岩基线,并可作为读取砂岩层自然电位异常幅度的相对零线。只有在少数情况下,即当地层水矿化度小于泥浆滤液矿化度时,泥岩层的自然电位才相对于砂岩层呈现负值。

2. 页岩层

页岩在对比曲线图上的特征与泥岩相似,只因页岩岩层较泥岩致密,以致它的视电阻率值比泥岩高,井径扩大不如泥岩明显。

3. 煤层

煤层因其有机质丰富,会造成密度低值、自然伽马极低值、电阻率高值、声波高值等特点,其显著区别于泥岩和砂岩。

4. 粉砂岩

粉砂岩的矿物成分与砂岩相同,但通常含有一定量的黏土,并呈分散状分布在岩石中。在对比测井曲线图上,粉砂岩通常都表现为较低的视电阻率和较小的自然电位异常幅度,井径缩小程度不明显。随着粉砂岩中黏土含量的增多,它在测井曲线上的显示特征很接近于泥岩层。

5. 砂岩层

砂岩层的许多物理性质变化较大,这与它的孔隙度大小、孔隙结构情况以及孔隙中所含流体性质等因素有关。致密砂岩和某些含油、气层砂岩的视电阻率值均较高,而含水砂岩的视电阻率又同泥岩层相近,所以用电阻率测井很难区分二者。

由于砂岩都具有不同程度的孔隙和渗透性,并含有一定数量的地层水,因而对着砂岩层处产生的扩散电动势,在自然电位曲线上的异常符号同泥岩相反,同时在井径曲线上显示不同程度的井径缩小。另外,砂岩的结构比泥岩致密,而且即使是含水砂岩,其含水量也要比泥岩少,因而砂岩的视电阻率比泥岩高。

致密岩层:岩石孔隙度小,含水量相应较低,视电阻率增高;自然电位异常幅度低;井径不发生缩小。

孔隙性砂岩,哪怕是含油、气层,在视电阻率曲线上的读数常常要比致密岩层低;自然电位曲线上,高孔隙、高渗透性的砂岩具有比致密岩层大得多的异常幅度。

6. 砾岩

砾岩的颗粒比砂岩粗,且由于沉积时间较短,颗粒的分选性一般都比砂岩差,孔隙度和渗透率也较小。砾岩在对比测井图上,一般都显示为比砂岩更高的视电视率和较小的自然电位异常,实际井径接近钻头直径。当砾岩颗粒较细,分选好,且胶结疏松时,其特征便与砂岩相似。

(三)测井相曲线要素

测井相(Logging facies)一般认为是能够反映地层沉积特征的测井信息综合,利用测井信息进行沉积相分析就是测井相分析。目前,较为经典的方法是利用自然电位或者自然伽马测井曲线,通过其测井曲线形态要素及其组合样式,结合岩芯实物对比,确定沉积相。

马正教授 1982 年总结了自然电位曲线要素构成图,划分了砂体 7 种曲线要素,包括曲线幅度、形态、顶底接触关系、光滑程度、齿中线、包络线及曲线形态组合等要素组成(图 4-2)。

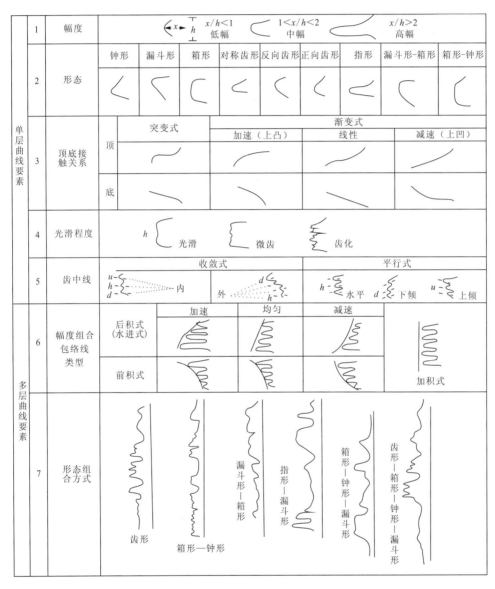

图 4-2 自然电位测井曲线要素图(据马正,1982)

1. 曲线幅度

曲线幅度反映曲线绝度值大小,分为低幅、中幅、高幅 3 个等级。

2. 形态

形态反映单层内部幅度值大小的相对变化,基本包括以下几种形态。

(1)钟形:曲线相对幅度值下大上小,反映水流能量向上减弱,粒度下粗上细,它代表河道的侧向迁移或逐渐废弃。

(2)漏斗形:与钟形相反,曲线相对幅度值下小上大,粒度下细上粗,反映砂体向上水流能量加强,颗粒变粗分选加好。

(3)箱形:曲线相对幅度值上下变化不大,反映沉积过程中能量一致,物源充足的供应条件,是河道砂坝的曲线特征。

(4)指形:中薄层砂体特点,受上下围岩影响曲线反映不出上述形态特征,从而表现为该形状,如席状砂岩。

(5)平直性:曲线幅度近乎基线,表现为厚层稳定泥岩特征。

3. 接触关系

顶底接触关系反映砂体沉积初期、末期水动力能量及物源供应的变化速度,有渐变和突变两种,渐变又分为加速、线性和减速3种,反映曲线形态上的凸形、直线和凹形。底部突变反映了砂体沉积末期水动力、物源供应条件。顶部突变代表物源供应的突然中断。

4. 光滑程度

光滑程度属于单层曲线形态上次一级变化,它受控于水动力供给的稳定性和持续性,既反映了物源丰富程度也反映了水动力能量的强度。据测井曲线形态分为光滑、微齿、齿化3个等级。齿化往往代表韵律性沉积、物源丰富但沉积能量有节奏性变化或各种物理化学量有较大的频繁变化。光滑型代表物源丰富,水动力作用稳定沉积,并且是长期作用下的结果。微齿型介于二者之间。

5. 齿中线

齿中线分为水平平行、上倾和下倾平行3类。

当齿的形态一致时,齿中线相互平行,反映能量变化的周期性;当齿形不一致时,齿中线将相交,分为内收敛和外收敛,各反映不同的沉积特征。

6. 包络线类型

自然电位曲线指状峰的包络线的形态,可以反映出水体深度变化的速度。多层曲线的组合形式,是指多层曲线幅值的包络线的组合形态,它可以反映多层砂体在沉积过程中的能量变化及速率变化的情况。

根据包络线形态的不同,可将多层曲线的组合形式分为加积式、后积式和前积式3种类型。

7. 曲线形态组合

实际地层中,一种沉积环境有它特有的层序组合特征,多层砂体叠加是常见样式。因此,一种沉积环境在垂向上也有它特有的测井曲线形态组合特征。

例如,地层自下而上可以是平直形—漏斗形—箱形—钟形组合(三角洲沉积组合特征),也可以是箱形—钟形反复出现组合(多期河道砂体特征)。利用曲线形态组合判断沉积体系非常有效。

三、实训内容及要求

(1)利用数字化测井数据,回放1:200组合测井曲线图,该图是油田地层对比、岩性识别、油气水层识别、有效厚度划分以及其他油藏参数计算必用的经典曲线。曲线图一般包含井径曲线、自然电位曲线、自然伽马曲线、三孔隙度曲线(密度、时差、中子)、电阻率曲线系列(浅、中、深、微电位、微梯度等)等10余条曲线。

(2)利用1:200组合测井图,人工逐层判别砂岩、泥岩、每层等岩性,确定其顶底界面深度,识别下线为10cm厚。

(3)利用SP,或者GR,分析砂体测井曲线的要素组成,确定砂体或者砂体组合测井相曲线类型,进而推测沉积相类型。

(4)根据所划分的小层对其结论总结并填于表4-2中。

注:附图为宝6-12井2256~2316m段测井曲线组合图及数字化测井数据,用于本次实训。

表4-2 砂泥岩地层测井相分析综合表

内容			综合结论		
			II_2^1 小层	II_2^2 小层	II_3 小层
测井相分析	曲线形态				
	接触关系	顶接触			
		底接触			
	光滑程度				
	幅度				
	幅度组合,包络线类型				
	砂体厚度(m)				
夹层					
全段砂岩百分比(%)					
总结					

附图 宝6-12井II_2^{1-3}单层测井曲线解释实习图纸

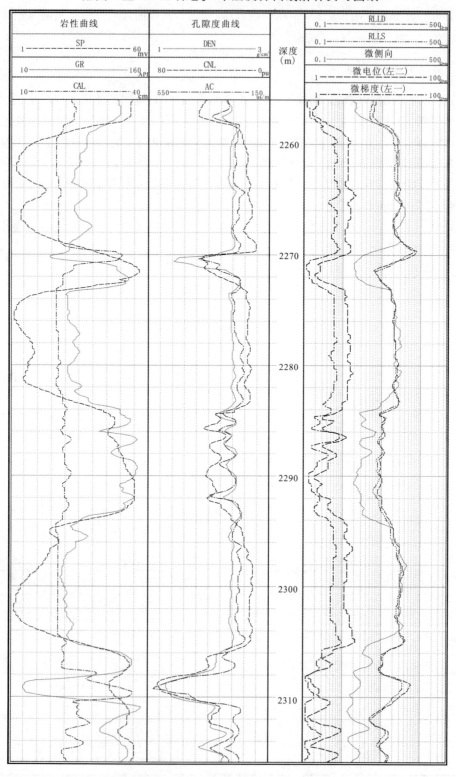

思考题

1. 自然电位测井和自然伽马测井分别反映地层的何种属性特征？为什么它们能够反映碎屑岩地层岩性以及测井相特征？
2. 如何判别某条测井曲线出现偏离正常特征的异常现象？这时如何判别岩性特征？
3. 厚砂体中泥质夹层如何识别？其顶底界面如何确定？
4. 钙质砂岩层在组合曲线图中如何识别？
5. 自然电位测井或自然伽马测井漏斗型曲线反映砂体粒度变化吗？对应的沉积过程如何？

实训五　白云岩地层测井岩性判别

碳酸盐岩地层属性特征与碎屑地层有很大区别，主要表现在岩石成分、岩石物性、沉积构造等方面，因而在测井岩性及沉积相识别方面也有较大区别，尤其是测井曲线要素分析方法在碳酸盐岩地层中应用遇到困难。白云岩是碳酸盐岩的一种，岩性和沉积相测井识别方法和基本原理与碎屑岩相同，岩性判别程序和方法也相同，都是以岩芯岩性识别为基础，建立测井参数与岩性之间严格的对应关系，优选测井曲线类型和参数组合，建立判别公式或者模板，综合方法判别岩性。白云岩地层测井岩性判别特殊之处在于需要利用多条曲线进行综合参数分析。

一、实训目的

利用大港油田塘沽地区 T12C 取芯井岩性与对应测井数据，统计各类岩性与多曲线参数的相关关系，完成直方图与交会图，优选测井岩性识别参数，掌握利用组合敏感曲线识别白云岩地层岩性特征，划分出白云岩、泥质白云岩、泥岩等基本岩性类型。

二、相关知识

测井岩性识别除了人工识别外，一般更多会采用岩性自动识别方式进行，既可以提高效率，又可以提高精度。

不同原理的测井系列不同程度地反映地下的岩性信息，这为测井识别岩性提供了一种可能。交会图及直方图法是岩性识别的常规方法。

1. 岩性识别步骤

岩性识别是以取芯段岩芯及测井曲线为基础建立识别模型，随后将识别模型应用到邻井相应井段以达到判别岩性的目的，对于岩芯层段岩性识别模型建立的步骤如下（图 5-1）：

(1)按 0.125m 一个采样点匹配取芯段岩性与测井响应数值，建立取芯段岩性-测井对应关系。

(2)绘制岩性-测井交会图、直方图、蜘蛛图等，筛选出敏感测井曲线并尝试建立岩性识别标准。

(3)当步骤(2)无法实现时，根据敏感曲线及岩性建立人工神经网络，挑选出足够的训练样本及预留一定的预测样本，对网络进行训练及预测。

(4)对取芯段岩芯识别率进行统计，若达要求则可对非取芯井段中岩性进行识别，若不符合要求则对网络重新进行训练直至满足识别要求。

2. 曲线标准化

工区存在两口以上钻井时，测井资料需要曲线标准化处理。各井测井数据间必然存在仪

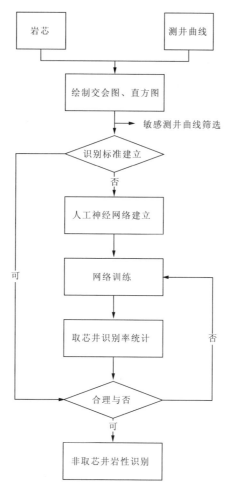

图 5-1 研究区岩性识别流程图

器性能和刻度不一致引起的误差,因此,油藏描述中所用的测井数据除进行必要的环境影响校正外,还必须对测井曲线进行标准化处理,以提高测井信息在全油田范围内解决问题的能力。

测井曲线标准化就是在全油田范围内采用统一的外部刻度标准来标定各井的同类测井曲线,消除仪器性能和刻度不一致所造成的影响,实现测井数据标准化。从这个意义上来说,用标准化测井数据能计算出更可靠的地质参数。

一个油田的同一地层,一般都具有相同的沉积环境和岩石物理特性,因而各井同一标准层的测井数据都具有相似的分布规律。因此,一般选择标准层作为全油田的统一外部刻度标准。一般在油田范围内选取 1~2 个沉积稳定、厚度适中(且变化小)、分布范围广、岩性与测井响应特征明显、易于识别的地层(如油页岩、钙质胶结的致密砂岩、盐岩、硬石膏、稳定的泥岩等)作为标准层。常用的测井曲线标准化的方法有直方图、交会图和趋势面分析。本次研究中选用直方图的方法来进行标准化。

由于塘 12C 井钻遇地层齐全、井眼状况良好、测井系列完善及取芯系统等因素,本次研究选取塘 12C 井作为标准化过程中的关键井。关键井选取后,根据标准层选取原则在全区范围内选定了沙三5亚段顶部的一套泥岩作为标准层进行标准化。

统计研究区内不同井段标准层的电阻率数值并建立频率分布直方图(图5-2),由频率直方图可见,塘12C井标准层RD特征值为1.75Ω·m,塘39-2井该值为2.25Ω·m,因此,塘39-2井数据应整体向右偏移0.5Ω·m。图5-2(c)为塘39-2井电阻率数据进行偏移后的频率分布状况,其频率分布经校正后与塘12C井频率分布基本一致[图5-2(c)中深色线],且其特征值也修正为2.25。其余井中电阻率曲线采用相同方式进行标准化。

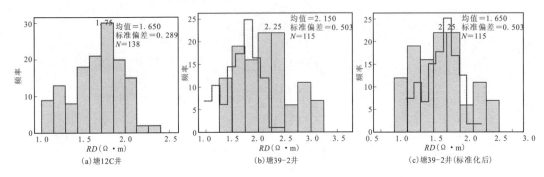

图5-2 标准层RD分布直方图

三、人工神经网络岩性识别

人工神经网络(Artificial Neural Network),是一种应用类似于大脑神经突触连接的结构进行信息处理的数学模型。它具有高度的并行性、高度的非线性全局作用、良好的容错性与联想记忆功能,以及强大的自适应、自学习能力等特点。由于神经网络具备的各种优势特点,在地球物理勘探领域中常常将其应用于模式识别及参数计算等方面。本次研究进行的岩性识别实质上也属于一种模式识别过程。此外,由于神经网络在处理高度复杂非线性关系问题上具有优势,因而采用该方法进行岩性识别是可行的。

按照网络结构、功能及学习算法,神经网络常可分为感知器、线性、BP、径向基、竞争、反馈及随机等类型。几类网络中,BP神经网络由于其在函数映射逼近及模式识别两方面表现出来的良好性能成为了目前应用最广的几类人工神经网络之一。

1. 基本原理

BP神经网络实质上属于一种前向型神经网络。在该类网络中,输入信息向前传播,但是误差却是反向传播的。所谓反向传播,是指误差的调整过程是从最后的输出层依次向之前各层逐渐进行,由于具有此特点,BP神经网络因而又可称为误差反向传播(Erro Back Propagation)神经网络。

BP网络学习属于有监督学习,相较于无监督型,BP网络训练中需要提供一组正确的输出量来对网络进行调整,从而使网络做出正确响应。BP算法的主要思想是:对于n个输入学习样本$a_1,a_2,a_3,\cdots,a_n$,已知与其相对应输出样本$y_1,y_2,y_3,\cdots,y_q$,学习的目的是用网络的实际输出$c_1,c_2,c_3,\cdots,c_q$与目标矢量$y_1,y_2,y_3,\cdots,y_q$之间的误差来修改其权值,使$c_k(k=1,2,\cdots,q)$与其期望的y_q尽可能接近。

2. 网络构建

(1)网络结构确定。网络结构包括输入、输出层神经元数,隐含层神经元数以及网络层数等内容。输入层神经元数由岩性敏感曲线确定,输出层神经元数由识别岩性类型确定。研究区内不同井段测井曲线类型丰富程度不一,因而在建立网络时需考虑该点因素。对于大部分井段,4 条敏感测井曲线分别为深测向电阻率(RD)、深波时差(AC)、密度(DEN)、中子孔隙度(CN)均存在,此外,增加参数 AC/DEN(该参数可减小裂缝影响因素,放大岩性信息),因此对于这类井段,网络结构中输入层神经元数为5(图 5-3)。

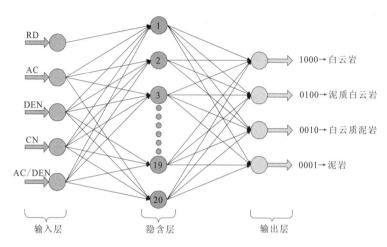

图 5-3 研究区岩性识别神经网络结构图

(2)样本集输入。将测井数据与岩性数据逐点对应并整理成表 5-1 中数据格式,然后导入 MATLAB 工作窗之中,为神经网络训练做准备。

表 5-1 岩性识别神经网络输入输出层数据格式表

预备输入					期望输出			
RD	AC	DEN	CN	AC/DEN	白云岩	泥质 白云岩	白云质 泥岩	泥岩
11.932	251.733	2.361	25.471	106.62	1	0	0	0
12.174	251.694	2.363	24.962	106.51	1	0	0	0
12.477	251.651	2.363	25.148	106.50	1	0	0	0
4.007	251.243	2.312	25.463	108.67	0	1	0	0
3.979	251.344	2.316	25.271	108.53	0	1	0	0
3.950	251.897	2.323	24.763	108.44	0	1	0	0
8.699	286.974	2.291	28.445	125.26	0	0	1	0
8.573	269.565	2.340	27.905	115.20	0	0	1	0
8.739	255.623	2.360	26.761	108.31	0	0	1	0
2.167	280.003	2.499	25.339	112.05	0	0	0	1
2.199	279.383	2.504	25.106	111.57	0	0	0	1
2.204	278.216	2.512	25.202	110.75	0	0	0	1

(3)网络函数选择及其他参数设置。采用不同的传递函数会对神经网络的结构及功能产生较大的影响。对于 BP 神经网络来讲,常用的传递函数包括 log - sigmoid 型函数 logsig、tan - sigmoid 函数 tansig 及线性函数 purelin。本次研究中在隐含层内采用 tansig 函数,在输出层内则采用 sigmoid 函数传递信息。

除了传递函数,训练函数的选择对网络训练速度、稳定性及存储量也有着重要的影响。常用的训练算法包括梯度下降算法、Levenberg - Marquardt 算法、拟牛顿算法及共轭梯度算法等。对于中小规模的 BP 神经网络,Levenberg - Marquardt 算法在几类算法中具有训练速度快、存储量小且逼近性能最佳的优点,因此本次研究中采用该算法作为训练函数对网络进行训练。

期望误差、最大迭代次数、学习速率等参数分别设置为 1×10^{-5}、300 及 0.05。

四、实训内容及要求

(1)利用 T12C 取芯井层段建立主要测井曲线与岩性统计关系图,包括直方图、交会图等(表 5 - 2)。
(2)建立多测井参数识别岩性的蜘蛛图,优选对白云岩类岩性敏感的测井曲线。
(3)利用统计学或者神经网络方法,建立判别公式或者模板。
(4)利用自动判别方法,选取地层段判别预测。
(5)检验判别结果的符合率。

表 5 - 2 T12C 岩芯井段岩性描述成果表

顶深(m)	底深(m)	厚度(m)	岩性定名	顶深(m)	底深(m)	厚度(m)	岩性定名
3114.75	3114.88	0.13	灰色油迹云质泥岩	3133.55	3133.66	0.11	浅灰色油斑含泥白云岩
3114.88	3114.99	0.11	深灰色油迹含白云泥岩	3133.66	3134.44	0.78	浅灰色含泥白云岩
3114.99	3115.11	0.12	灰色油迹云质泥岩	3134.44	3134.58	0.14	灰白色白云岩
3115.11	3115.24	0.13	深灰色油迹含白云泥岩	3134.58	3134.89	0.31	褐灰色油斑泥质白云岩
3115.24	3115.75	0.51	灰色油迹云质泥岩	3134.89	3135.10	0.21	灰白色油斑白云岩
3115.75	3116.46	0.71	褐灰色油迹泥质白云岩	3135.10	3135.89	0.79	浅灰色油斑含泥白云岩
3116.46	3117.43	0.97	浅灰色泥质白云岩	3135.89	3136.15	0.26	褐灰色油斑泥质白云岩
3117.43	3117.60	0.17	褐灰色油迹泥质白云岩	3136.15	3136.45	0.30	灰白色白云岩
3117.60	3117.78	0.18	浅灰色油迹含泥白云岩	3136.45	3136.94	0.49	灰白色白云岩
3117.78	3117.91	0.13	深灰色油迹含白云泥岩	3136.94	3137.11	0.17	浅灰色含泥白云岩
3117.92	3118.32	0.41	褐灰色油斑泥质白云岩	3137.11	3137.41	0.30	灰白色油迹白云岩
3118.32	3119.01	0.69	灰色油斑云质泥岩	3137.41	3138.06	0.65	灰白色油迹白云岩
3119.01	3119.10	0.09	浅灰色含泥白云岩	3138.06	3138.14	0.08	灰白色白云岩

续表 5-2

顶深（m）	底深（m）	厚度（m）	岩性定名	顶深（m）	底深（m）	厚度（m）	岩性定名
3119.10	3119.32	0.22	深灰色含白云泥岩	3138.14	3138.36	0.22	浅灰色含泥白云岩
3119.32	3119.37	0.05	灰色云质泥岩	3138.36	3138.42	0.06	褐灰色泥质白云岩
3119.37	3119.43	0.06	深灰色含白云泥岩	3138.42	3139.28	0.86	浅灰色油迹含泥白云岩
3119.43	3119.57	0.14	深灰色含白云泥岩	3139.28	3139.59	0.31	灰白色油迹白云岩
3119.57	3119.73	0.16	褐灰色泥质白云岩	3139.59	3140.25	0.66	灰白色油迹白云岩
3119.73	3119.87	0.14	深灰色油迹含白云泥岩	3140.25	3140.41	0.16	灰白色白云岩
3119.87	3120.01	0.14	褐灰色油迹泥质白云岩	3140.41	3140.47	0.06	褐灰色泥质白云岩
3120.01	3120.25	0.24	深灰色油迹含白云泥岩	3140.47	3140.54	0.07	灰白色白云岩
3120.25	3120.31	0.06	浅灰色油迹含泥白云岩	3140.54	3141.06	0.52	灰白色白云岩
3120.31	3120.81	0.50	深灰色油迹含白云泥岩	3141.06	3141.88	0.82	灰白色白云岩
3120.82	3121.04	0.22	深灰色含白云泥岩	3141.88	3142.27	0.39	灰白色油迹白云岩
3121.04	3121.16	0.12	褐灰色泥质白云岩	3142.27	3142.49	0.22	灰白色白云岩
3121.16	3121.46	0.30	深灰色油迹云质泥岩	3142.49	3142.62	0.13	灰白色白云岩
3121.46	3121.63	0.17	灰色油迹云质泥岩	3142.62	3143.07	0.45	浅灰色含泥白云岩
3121.63	3121.68	0.05	褐灰色油迹泥质白云岩	3143.07	3143.33	0.26	灰白色白云岩
3121.68	3122.28	0.60	灰色油迹云质泥岩	3143.33	3143.80	0.47	灰白色油迹白云岩
3122.28	3122.49	0.21	灰色云质泥岩	3143.80	3144.14	0.34	灰白色油迹白云岩
3122.49	3122.88	0.39	灰色云质泥岩	3144.14	3144.62	0.48	灰白色油斑白云岩
3122.88	3123.00	0.12	浅灰色含泥白云岩	3144.62	3144.87	0.25	浅灰色油斑含泥白云岩
3123.00	3123.10	0.10	灰色云质泥岩	3144.87	3145.32	0.46	灰白色油迹白云岩
3123.10	3123.20	0.10	浅灰色含泥白云岩	3145.33	3145.81	0.48	灰白色油迹白云岩
3123.20	3123.30	0.10	灰色云质泥岩	3145.81	3145.89	0.08	浅灰色含泥白云岩
3123.30	3123.87	0.57	灰色油迹云质泥岩	3145.89	3146.03	0.14	浅灰色含泥白云岩
3123.87	3124.08	0.21	浅灰色油迹含泥白云岩	3146.03	3146.29	0.26	灰色云质泥岩
3124.08	3124.85	0.77	深灰色油迹含白云泥岩	3146.29	3146.76	0.47	浅灰色含泥白云岩
3124.85	3125.16	0.31	深灰色含白云泥岩	3146.76	3147.29	0.53	褐灰色油迹泥质白云岩
3125.16	3126.36	1.20	深灰色油迹含白云泥岩	3147.29	3147.51	0.22	浅灰色油迹含泥白云岩
3126.36	3127.12	0.76	深灰色含白云泥岩	3147.51	3148.21	0.70	褐灰色油迹泥质白云岩
3127.12	3128.27	1.15	深灰色含白云泥岩	3148.21	3148.30	0.09	浅灰色油迹含泥白云岩
3128.27	3128.32	0.05	浅灰色含泥白云岩	3148.30	3148.56	0.26	褐灰色油迹泥质白云岩
3128.32	3128.44	0.12	深灰色含白云泥岩	3148.56	3148.62	0.06	浅灰色含泥白云岩

续表 5-2

顶深 (m)	底深 (m)	厚度 (m)	岩性定名	顶深 (m)	底深 (m)	厚度 (m)	岩性定名
3128.44	3128.49	0.05	浅灰色含泥白云岩	3148.62	3148.89	0.27	褐灰色油迹泥质白云岩
3128.49	3128.70	0.21	深灰色含白云泥岩	3148.89	3149.05	0.16	褐灰色油迹泥质白云岩
3128.70	3128.85	0.15	浅灰色含泥白云岩	3149.05	3149.10	0.05	深灰色油迹云质泥岩
3128.85	3129.29	0.44	褐灰色云质泥岩	3149.10	3150.11	1.01	褐灰色油迹泥质白云岩
3129.29	3129.64	0.35	深灰色含白云泥岩	3150.11	3150.26	0.15	褐灰色泥质白云岩
3129.64	3130.65	1.01	深灰色油斑含白云泥岩	3150.26	3150.41	0.15	浅灰色含泥白云岩
3130.65	3132.59	1.94	灰色云质泥岩	3150.41	3150.56	0.15	浅灰色泥质白云岩
3132.59	3132.70	0.11	浅灰色油斑含泥白云岩	3150.56	3150.70	0.14	褐灰色含泥白云岩
3132.70	3133.06	0.36	灰色油斑云质泥岩	3150.70	3150.86	0.16	灰白色白云岩
3133.06	3133.20	0.14	浅灰色油斑含泥白云岩	3150.86	3150.92	0.06	褐灰色泥质白云岩
3133.20	3133.55	0.35	褐灰色油斑泥质白云岩	3150.92	3150.97	0.05	浅灰色含泥白云岩

注：T12C 岩芯段测井数字化资料另外单独提供。

思考题

1. 哪几条测井曲线对致密裂缝白云岩储层反映敏感？为什么？
2. 裂缝存在对岩芯判别有何影响？如何消除这种影响？
3. 白云岩或者灰岩类储层测井沉积相研究如何进行？砂泥岩地层中 SP 或者 GR 曲线要素分析还适用吗？为什么？
4. 白云岩地层中油层应该如何识别？
5. 与白云岩地层常常伴生的岩性还有哪些？

实训六　河道砂体对比剖面图

河道砂体广泛发育在河流、三角洲、扇三角洲、浊积扇、深水沉积等众多沉积体系中,表现为条带状平面展布特征,分布具有随机性,砂体对比不确定性大。连井砂体对比剖面是描述中等尺度砂体剖面变化的重要图件,通过该图件能够了解单砂体、组合砂体的叠置构成关系,分析河道砂体的非均质性变化,有利于构建准确的三维砂体模型。

一、实训目的

本次实训利用油田实际测井资料,在标准层识别的基础上,通过主要组合测井曲线识别砂岩岩性,在多井连井剖面上,勾连河道砂体,分析其二维形态结构变化。掌握河道砂体对比方法和制图方法,并对储层宏观参数进行正确描述。

二、相关知识

1. 河道砂体形态

河道类砂体平面上都是条带状形态,剖面上为上平下凸透镜状,垂向上为向上变细粒序,河道之间主要为侧向或垂向加积(图6-1)。尽管冲积扇、辫状河、曲流河、深水沉积河道类型有差别,但砂体的基本形态没有变化,这些特征在测井对比、地震剖面上表现非常清楚。而前缘砂体则为底平顶凸的透镜体,平面上为席状分布,主要是前积成因,与河道砂体明显不同。

2. 等时对比

储层沉积学研究中要求编出可靠的储层(砂体)连井剖面及积相(砂体)平面分布图。编制出科学合理的符合实际的图件,关键是要进行沉积成因分析,掌握等时性对比方法,避免不同沉积时期的砂体勾连在一起,严格区分等时性对比与岩性对比的概念(图6-2)。小层与砂体对比应该由岩性的"砂对砂,泥对泥"转变为基于沉积成因的沉积相带为导向的等时性对比方法(图6-2、图6-3)。

3. 砂体叠置与异常厚砂体

河道规模大小可以决定单层河道砂体的厚度,显然大型河道沉积砂体厚度大。除了河道规模之外,河道多期发育叠置关系也会造成局部井区河道砂体厚度异常。例如容易形成河道异常厚砂体情况包括有多期垂向叠加、多期垂向切割、多期侧向叠加、连续冲刷充填4种类型(排除断层、褶皱等后期构造改造形成的砂体厚度异常)。这类砂体实际上是不同时期形成的叠加结果,在地层对比过程中可以适当劈分。

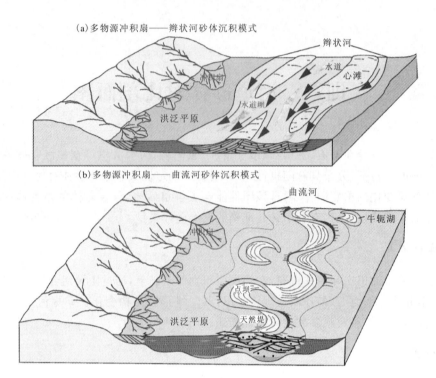

图 6-1 冲积扇——河流沉积体系河道形态模式图
(叶茂松、解习农,2015)

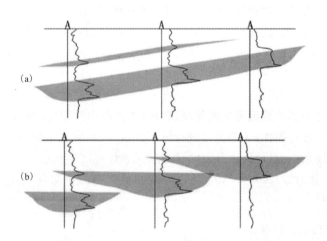

图 6-2 河流相横切流水方向砂体的不同对比方法示意图
(于兴河,2012,地学前缘)
(a)传统的砂对砂、泥对泥的形态相似性等厚同相同体的单砂体对比法;
(b)沉积微相导向的演化性同时同相异体成因单元(小层)对比法

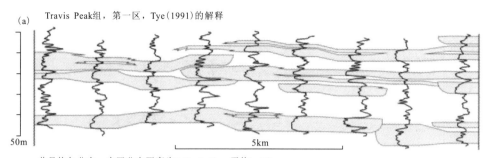

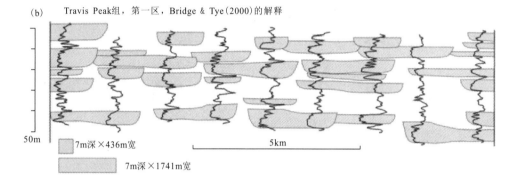

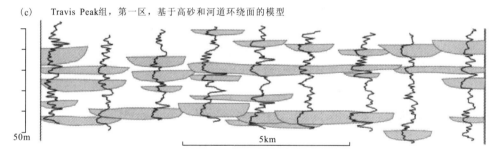

图 6-3　东德克萨斯 Travis Peak 组地层辫状河砂体同一条剖面 3 种不同解释剖面图
(Maill，2014)

三、实训内容及要求

利用宝浪油田 14 口井测井曲线连井剖面(图 6-4)资料，完成如下工作：
(1)认真熟悉组合测井曲线类型及储层测井相特征。
(2)完成宝浪油田河道砂体对比图(3 个油层组)。
(3)读取 3 个油层组主要砂体的厚度参数、隔夹层参数，并分析砂体厚度的变化规律。
(4)完成实训报告。

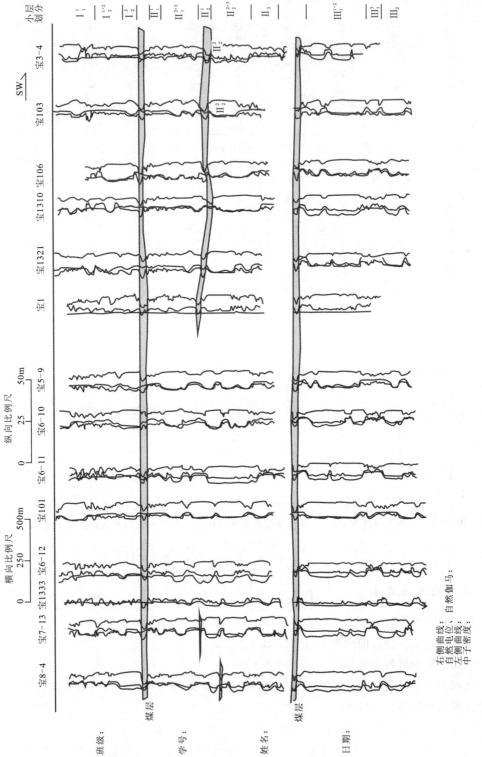

图 6-4 焉耆盆地宝浪油田宝北区块河道砂体连井剖面图

思考题

1. 河道型砂体垂向粒度有何变化？
2. 河道型砂体平面和剖面形态有何特点？
3. 何为等时性地层对比？如何保证等时性对比？
4. 异常厚层河道砂体有可能是如何形成的？
5. 河流相河道砂体为何能够形成连片厚层席状砂体？

实训七　砂体等厚图

砂岩厚度等值线图,也称砂体等厚图,反映一定层段内砂岩厚度的平面变化,是储层研究、沉积相研究的必备图件。

一、实训目的

学会手工勾绘砂岩厚度等值线图,使得等值线图反映沉积砂体变化规律,符合地质认识规律。

二、相关知识

等值线图是以等数值点的连线表示连续性参数在平面上连续且逐渐变化分布特征的一种图形。是用数值相等各点连成的曲线(即等值线)在平面上的投影来表示被摄物体的外形和大小的图。

地质等值线图的绘制,可以使用 Surfer、MapGIS、GeoExpl、GeoIPAS 和 AutoCAD 等软件。为了使等值线图能够真正为矿产勘查服务,如何选择合适的软件做出满意的等值线图变得相当重要。对等值线图绘制过程中产生的问题,可以通过进行原始数据进行处理或对等值线图进行合理编辑来解决。

但是由于地质体变化大、砂体相变快、井点分布不均匀等客观和主观原因,软件制图经常出现不符合地质规律的现象,表现为:①走向不符合地质体展布规律;②开口方向随机性;③等值线杂乱不圈闭;④等值线出现相交或不圆滑等情况;⑤井点分布不均匀。

所以,尽管有一些自动绘制等值线图的软件,这些软件绘制效果不能完全符合地质认识,需要按照地质规律进行人工干预和修改。学会手工绘制等值线图,掌握制图方法是地质人员的基本功。

图 7-1 表示非常完美的曲流河砂体等厚图,很好地反映了河道砂体厚度变化和砂体形态特征。图 7-2 表示现代黄河及其支流在甘肃省境内河型变化与河道形态特征。图 7-3 是地下砂体等值线图,通过密集钻井数据得到小层砂体厚度而制作完成的砂体图件,说明三角洲分流河道砂体特征。这些图件表明,砂体形态平面图可以较好地反映沉积相类型,对地下储集砂体研究意义重大。

三、实训内容及要求

按照提供的油田井位及小层砂体厚度数据底图(附图),完成砂体等厚图。等值线间隔为 1m(注意:研究区位于物源来自 NW 方向的三角洲前缘位置)。

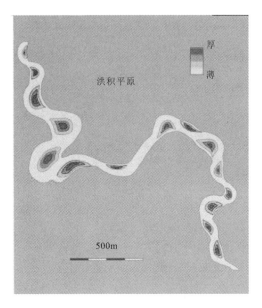

图 7-1 曲流河河道砂体等厚图
(Donselaar & Overeem, 2008)

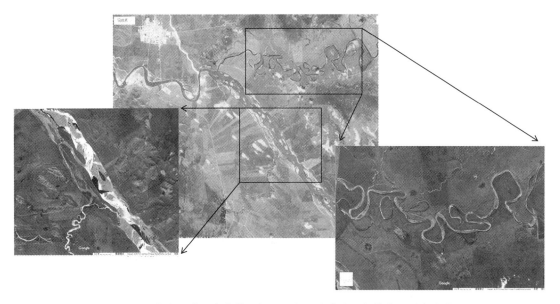

图 7-2 甘肃省玛曲县东南黄河与黑河交汇处曲流河与辫状河形态变化图

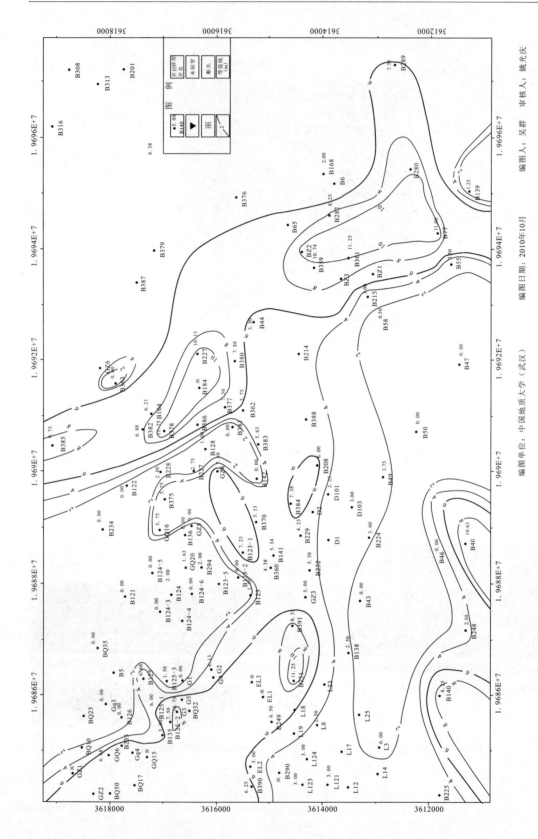

图 7-3 泌阳凹陷毕店地区 III$_2$ 小层砂体等厚图

实训七 砂体等厚图

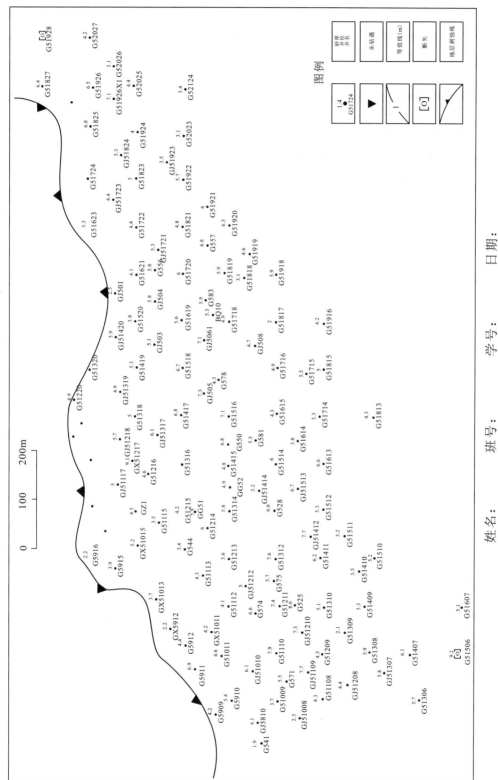

附图 泌浅10井区Ⅳ7小层井位图

思考题

1. 砂体厚度数据如何获取？斜井要不要校正？
2. 砂体厚度零线有何含义？几种地质情况会出现砂体零线？
3. 沉积相类型与砂体展布有何关系？
4. 一口井有断点，其砂体厚度还能反映沉积特征吗？
5. 如何合理选取等值线间距？

实训八　砂岩粒度分析

砂岩粒度特征是岩石结构参数之一，它不仅是储层质量评价指标，也是反映沉积特征重要标志指标。

一、实训目的

熟悉砂岩粒度分析制图方法；读懂粒度分析相关的直方图、概率图、概率累积曲线图、$C-M$图等图件；掌握粒度概率累积曲线制作；学会利用粒度分析结果分析砂岩沉积环境。

二、相关知识

1. 常用的粒度分析方法

(1)直接测量法：适用于松散的样品，用一套不同粒径的筛子，将碎屑分级。样品的重量以30～100g为宜。

缺点：有一定的误差。

(2)筛析法：适用于松散的样品，用一套不同粒径的筛子，将碎屑分级。样品的重量以30～100g为宜。

缺点：有一定的误差。

(3)薄片法：适用于固结的砂岩和粉砂岩，在薄片中测量一定数量的颗粒，进行分级统计。由于切片的效应问题，所测粒度通常小于实际的粒度。

常见的其他测定碎屑岩粒度的方法还有激光法、筛分法、光透法和图像法等。

2. Φ 值与毫米(mm)值对比

碎屑颗粒的粒度分布属对数正态分布。颗粒的最大视直径以十进制(d,mm)或伍登-温特华斯标准(Φ)表示。Φ 值粒级标准是克鲁宾(1934)根据伍登-温特华斯的粒级标准(即以1为基数、2为公比的几何级数)，由对数变换来的，其定义为：$\Phi=-\log_2 D$，D 为颗粒直径(mm)。以 Φ 值为粒径单位，对粒度分析资料的计算和作图极为方便(表8-1)。

3. 粒度分析常用图件

1)累积概率曲线图

在正态概率纸上作图，横坐标为粒级，用 Φ 值或毫米(mm)值为单位，间距可为1Φ、0.5Φ，或者0.25Φ 及相应的毫米(mm)值，纵坐标为概率值，表示累积百分含量。作图时，将各粒级的累积百分含量在图上投点，然后将大致有直线趋势的点连成一条直线。连线时多数点在直线上，有些点并不在直线上，通常每一条直线由至少4个点控制，由1～4条线段直线段构成概率累积曲线(图8-1)。

表 8-1　Φ 值与毫米(mm)值对比表

Φ 尺度	大小范围 (mm)	大小范围 (in)	名称 (伍登-温特华斯分级)
<-8	>256	>10.1	岩块
-6~-8	64~256	2.5~10.1	大卵石
-5~-6	32~64	1.26~2.5	极粗砾
-4~-5	16~32	0.63~1.26	粗砾
-3~-4	8~16	0.31~0.63	中砾
-2~-3	4~8	0.157~0.31	细砾
-1~-2	2~4	0.079~0.157	极细砾
0~-1	1~2	0.039~0.079	极粗砂
1~0	0.5~1	0.020~0.039	粗砂
2~1	0.25~0.5	0.010~0.020	中砂
3~2	125~250μm	0.0049~0.010	细砂
4~3	62.5~125μm	0.0025~0.0049	极细砂
8~4	3.90625~62.5μm	0.00015~0.0025	粉砂
>8	<3.90625μm	<0.00015	黏土
>10	<1μm	<0.000039	胶体

注：1in=0.3048m。

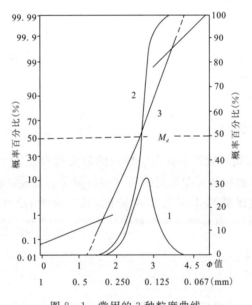

图 8-1　常用的 3 种粒度曲线
1. 频率曲线；2. 累积曲线；3. 概率值累积曲线

Visher(1969)将概率图上的直线段与某些搬运方式相对应，一条直线段对应一个粒度总体，而这个粒度总体就对应着一种搬运方式(滚动、跳跃和悬浮)。粒度累积概率曲线的复杂程度反映了颗粒搬运方式的复杂程度。例如："宽缓的上拱弧形"反映了颗粒呈单一的"杂基支撑悬浮或颗粒支撑悬浮"整体搬运;"简单的一段式"反映了颗粒呈湍流支撑悬浮搬运;"多段式"反映了颗粒呈现多种搬运方式,颗粒有的呈滚动,有的跳跃,有的则悬浮(或理解为:有些颗粒大多数时候在滚动,有些颗粒大多数时候在跳跃,有些颗粒大多数时候在悬浮)。粒度累积概率曲线与流体性质密切相关,理论上流体主要分为"重力流"和"牵引流"两大类流体,重力流根据颗粒支撑机理又可分为"泥石流(或碎屑流)""颗粒流""沉积物液化流"和"浊流"4类。图8-2为粒度概率及不同的粒度次总体分布图。

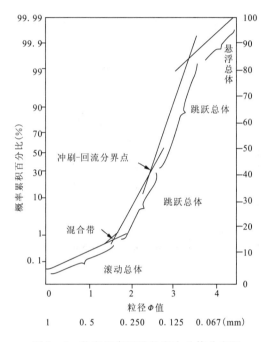

图8-2 粒度概率图及粒度次总体分布图

2)粒度参数分析

平均粒径(Mz)表示粒度大小：

$$Mz = \frac{\phi 10 + \phi 50 + \phi 84}{3} \tag{8-1}$$

标准偏差 σ_1 表示分选程度：

$$\sigma_1 = \frac{\phi 84 + \phi 16}{4} + \frac{\phi 95 + \phi 5}{6.6} \tag{8-2}$$

偏度 SK_1 表示频率曲线的对称性：

$$SK_1 = \frac{\phi 16 + \phi 84 - 2\phi 50}{2(\phi 84 - \phi 16)} + \frac{\phi 95 + \phi 5 - 2\phi 50}{2(\phi 95 - \phi 5)} \tag{8-3}$$

尖度 K_G 表示频率曲线的尖度：

$$K_G = \frac{\phi 95 - \phi 5}{2.44(\phi 75 - \phi 25)} \tag{8-4}$$

3)粒度 C-M 图

C-M 图是帕塞加(Passega,1957)提出的,C 值是累积曲线上 1% 处对应的粒度(最粗颗粒粒度),M 是 50% 处对应的粒度(粒度中值),用每个样品的 C 值和 M 值绘成的图形就叫作 C-M 图。可以取几十个样品绘制 C-M 图来研究某一地层沉积成因,对不同岩性要分别取样,而且样品要包括该单元由粗至细的全部粒度结构类型。每个样品都有它的 C、M 值,将 C 作为纵坐标,M 作为横坐标在双对数坐标系中投点,在 C-M 图中投得一群点后,按点群的分布绘出相应的图形,这就是 C-M 图。重力流沉积的图形以平行于 C-M 基线为特征,而牵引流沉积的图形则只有较短的一部分平行 C-M 基线或者完全不与 C-M 基线平行。与已知沉积环境的典型 C-M 图进行对比,再结合其他岩性特征,从而可以对该层沉积岩的沉积环境做出判断(图 8-3)。

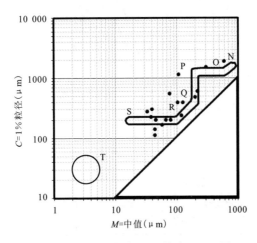

图 8-3 粒度 C-M 图

三、实训内容及要求

(1)利用提供的粒度分析数据(表 8-2)完成概率累积曲线图制作。
(2)利用提供的粒度分析数据完成 C-M 图。
(3)分析砂岩沉积环境与沉积介质信息。
(4)在 Excel 中完成相关图件。

思考题

1. 常用的粒度分析方法有几种?各有何优缺点?
2. 通常所说的泥岩(泥质)是粒度概念,其粒度小于多少?
3. 概率累积曲线放大了哪部分粒级细节?有何意义?
4. 分选性如何在概率累积曲线上表现出来?
5. 进行沉积相分析粒度通常与哪些参数配合使用?

表 8-2 粒度分析数据表

样号 φ值	井深(m) 直径(mm)	L1-V 2-12 2518.24	L1-V 2-13 2519.16	L1-V 2-14 2520.08	L1-V 2-15 2520.48	L1-V 2-16 2520.8	L1-V 2-17 2521.22	L1-V 2-18 2522.03	L1-V 2-19 2522.19	L1-V 2-20 2522.66	L1-V 2-21 2522.79
-2.00	>2										
-0.75	1.68			1.441 332 9	2.802 441 5	3.155 323 3	3.964 567 4	1.839 091 3		2.147 436 2	2.910 870 2
-0.50	1.41			1.849 961 8	3.121 341 6	3.401 712 6	4.057 936 3	2.312 165 7		2.563 820 3	3.227 136 7
-0.25	1.19			2.199 081 5	3.380 859 2	3.595 815 4	4.140 933 3	2.710 256 3		2.912 175 1	3.464 827 6
0.00	1.00			2.484 725 0	3.572 659 5	3.734 914 2	4.205 402 1	3.029 153 5		3.161 835 0	3.631 403 5
0.25	0.84			2.696 790 5	3.705 515 6	3.831 038 9	4.252 789 7	3.261 389 9		3.324 200 4	3.741 470 3
0.50	0.71			2.804 490 8	3.788 607 6	3.891 459 0	4.284 039 3	3.387 449 3		3.411 282 3	3.805 201 9
0.75	0.59			2.862 270 0	3.870 488 6	3.944 189 1	4.309 738 2	3.451 966 4		3.484 762 2	3.858 727 5
1.00	0.50			2.911 644 8	3.965 843 2	4.004 677 3	4.338 759 0	3.507 002 9		3.574 722 2	3.921 452 0
1.25	0.42	1.143 187 2	0.366 221 7	2.962 110 2	4.047 553 5	4.059 497 1	4.366 996 6	3.557 967 7		3.659 518 2	3.980 606 8
1.50	0.35	1.697 245 3	1.310 100 9	3.023 181 7	4.125 914 8	4.116 556 6	4.400 359 4	3.615 678	1.246 058 8	3.7469 882	4.044 069 7
1.75	0.30	2.004 315 2	1.703 016 7	3.092 993 1	4.196 890 5	4.173 065 2	4.439 088 8	3.677 157 8	1.703 016 7	3.830 002 1	4.108 014 8
2.00	0.25	2.279 485 0	2.009 741 4	3.154 506 1	4.247 652 4	4.217 508 2	4.474 680 9	3.727 475 4	2.078 028 9	3.890 722 8	4.157 672 1
2.25	0.21	2.479 623 5	2.216 640 4	3.227 609 1	4.301 162 6	4.266 106 3	4.518 839 8	3.782 824 1	2.343 592 4	3.951 826 4	4.210 094 0
2.50	0.177	2.631 480 5	2.366 468 3	3.295 967 2	4.346 388 2	4.309 757 4	4.561 790 8	3.830 284 8	2.543 029 3	4.004 147 3	4.254 349 5
2.75	0.149	2.749 324 4	2.482 858 9	3.360 465 2	4.386 665 2	4.350 000 5	4.602 645 9	3.872 016 0	2.697 479 3	4.050 352	4.292 732 4
3.00	0.125	2.841 857 0	2.580 727 9	3.422 027 5	4.424 694 5	4.388 564 2	4.641 268 8	3.910 773 4	2.816 156 1	4.093 198 8	4.327 074 4
3.25	0.105	2.915 714 1	2.667 453 3	3.481 653 0	4.462 572 3	4.426 245 4	4.678 046 8	3.947 021 0	2.904 588 8	4.134 424 4	4.359 231 0
3.50	0.098	2.942 086 4	2.700 010 2	3.537 778 9	4.500 003 6	4.462 611 4	4.712 114 8	3.981 060 9	2.933 925 1	4.173 334 6	4.389 371 2
3.75	0.074	3.045 156 0	2.833 726 0	3.559 283 7	4.514 910 1	4.476 933 1	4.724 982 8	3.994 099 1	3.032 202 6	4.188 207 9	4.401 027 3
4.00	0.062 5	3.112 241 1	2.918 134 6	3.645 073 4	4.576 406 9	4.534 948 6	4.776 184 3	4.046 747 6	3.092 231 2	4.245 826 9	4.449 504 0
5.00	0.031	3.431 086 1	3.314 455 2	3.696 610 4	4.614 840 7	4.570 637 4	4.807 221 8	4.079 221 6	3.396 418 9	4.279 288 3	4.480 576 7
6.00	0.015 6	3.771 429 0	3.732 051 3	3.939 954 7	4.794 640 6	4.734 773 0	4.957 075 4	4.237 247 9	3.767 915 2	4.430 564 1	4.641 350 9
7.00	0.007 8	4.139 133 5	4.138 859 7	4.251 285 1	5.013 558 1	4.932 183 0	5.135 575 4	4.452 727 3	4.161 139 8	4.635 280 4	4.860 299 1
8.00	0.003 9	4.510 949 0	4.513 352 2	4.624 632 1	5.274 430 9	5.173 363 3	5.338 713 8	4.740 662 4	4.539 395 6	4.899 147 2	5.131 123 7
>8.00	<0.003 9			4.985 045 3	5.532 680 9	5.428 680 6	5.554 435 5	5.043 522 3		5.167 361 4	5.393 992 7
井深(m)		2517.95	2518.87	2519.79	2520.19	2520.8	2521.22	2522.03	2522.19	2522.66	2522.79

实训九 砂岩岩石成分类型

砂岩岩石成分是沉积环境、物源供给、成岩作用的综合反映,它控制储层质量和成岩作用程度,尤其对孔隙度、渗透率影响大。通过砂岩岩石成分及岩石类型分析,能够判别岩石成分成熟度,并进一步判别砂岩沉积相和储层质量。

一、实训目的

熟悉岩矿鉴定程序及岩石矿物含量确定方法;掌握砂岩岩石类型划分方案;学会制作岩石类型三角图;分析岩石成分及其构成特点。

二、相关知识

1. 岩石薄片鉴定(岩矿鉴定)

通过显微镜观察岩石薄片是岩石成分鉴定的最重要方法,通常流程是:取样→磨片→制片→显微镜观察→描述岩石显微结构→统计矿物含量→岩石定名。表9-1和表9-2展示了常用的碎屑岩和碳酸盐岩薄片鉴定表的内容及格式。

2. 成分成熟度

砂岩成分中碎屑颗粒主要为石英、长石和岩屑,石英由于其物理化学性质稳定性,代表充分搬运矿物,其含量越高岩石成熟度越高,而长石和岩屑属于不稳定颗粒碎屑,随着搬运距离和水动力不断淘洗,它们容易风化和破碎。通常采用石英与长石、岩屑之和的比值大小表示成分成熟度。

3. 岩石定名

根据杂基含量把砂岩分为两大类,即杂基小于15%的净砂岩和杂基含量大于15%的杂砂岩。两者进一步的细分可用三角图表示,其3个端元所代表的碎屑物质组分为:Q(石英)端元、F(长石)端元和R(岩屑)端元。根据各种组分含量的不同将砂岩划分为:①石英砂岩;②长石石英砂岩;③岩屑石英砂岩;④长石砂岩;⑤岩屑长石砂岩;⑥长石岩屑砂岩;⑦岩屑砂岩(图9-1、图9-2)。

三、实训内容及要求

(1)熟悉岩矿鉴定表格及数据(表9-1、表9-2、表9-3)。
(2)统计计算石英、长石、岩屑三端元含量。

实训九 砂岩岩石成分类型

表 9-1 碎屑岩薄片鉴定表

分析号：　　　　地区：　　　　剖面(井号)：　　　　鉴定日期：　　年　月　日　　第　　页　共　　页

样品编号	井深(m)	层位	碎屑(%)				岩屑			填隙物(%)				总量	结构						储集空间			总面孔率(%)
			石英	燧石	钾长石	斜长石	岩浆岩	变质岩	沉积岩	火山碎屑岩	杂基 黏土	胶结物 方解石	胶结物 次生加大	总量		最大粒径(mm)	主要粒径(mm)	分选性	磨圆度	支撑类型	接触方式	胶结类型	原生孔隙(%)	次生孔隙(%)	裂缝(%)	
样号																									
定名																									
特征描述																									

鉴定：　　　　审核：

表 9-2 碳酸盐岩类岩石薄片鉴定表

分析号：　　　　　地区（构造）：　　　　　剖面（井号）：　　　　　鉴定日期：　　年　月　日　　第　　页　共　　页

样品编号	井深(m)	岩石名称	矿物组分(%)							结构组分(%)							填隙物				储集空间				
			矿物成分			陆源碎屑		粒屑							泥晶		亮晶		裂缝		孔隙		
			方解石	白云石	泥质	黄铁矿	硅质	有机质	石英	生物			球粒	鲕粒	内碎屑	合计	成分	含量	成分	含量	类型	条数	充填成分	类型	面孔率(%)
										有孔虫	介形虫	瓣鳃腹足类													

编号	岩石名称	特征描述

审核人：　　　　　　　　　　　　　　　　　　　　　　　　　　　　　　　　　　　中国地质大学（武汉）地质过程重点实验室制表

(3) 制作岩石类型三角图,确定岩石类型。
(4) 根据三角图和岩石成分统计表,描述岩石类型特征。

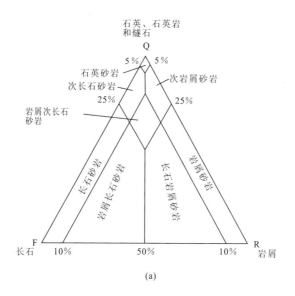

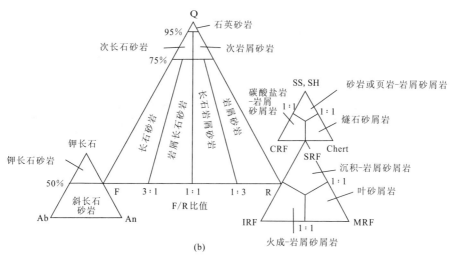

图9-1 迈克布莱德(1963)(a)和福克等(1970)(b)的砂岩分类方法图

注:在福克的分类方法中(b),燧石归类于岩石碎屑,位于R端元;花岗岩岩屑和片麻岩岩屑归类于长石类,位于F端元。SS.砂岩;SH.页岩;CRF.碳酸盐岩屑;SRF.沉积岩岩屑;IRF.火成岩岩屑;MRF.变质岩岩屑。

(a)来自McBride发表于1963年第34期,第677页《沉积岩石学》的文章"常见砂岩的分类"图1,由SEPM授权转载;(b)来自Folk、Andrews和Lewis发表于1970年第13期《新西兰地质学和地球物理学》的文章"新西兰地区碎屑沉积岩分类和命名的应用"图8、图9,英冠版权所有,已授权转载。

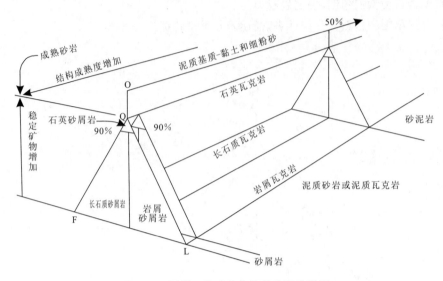

图 9-2 根据 3 种矿物含量的砂岩分类图

Q. 石英、燧石、硅质碎屑;F. 长石;L. 岩屑(不稳定的岩石颗粒)。三角形内的点代表 Q、F、L 的相应比例。泥质基质的百分比含量由向图下部延伸的向量来表示。净砂岩是指杂基含量小于 5% 的砂岩;含有杂基的砂岩称为瓦克岩(命名来自 Williams、Turner 和 Gilbert 于 1982 年的著作《岩相学——对岩石薄切片的研究》第二版 327 页图 31.1,出版商为旧金山的 Freeman。随后根据 Dott 发表于 1964 年第 34 期《沉积岩石学》的文章"瓦克岩,杂砂岩和基质——如何对不成熟砂岩进行分类?"第 629 页图 3 进行修改,已由塔尔萨市的 SEPM 授权转载)

表 9-3 宝浪油田宝 1 井岩石成分鉴定汇总表   单位:%

归位深度(m)	岩性	石英	长石	沉积岩屑	变质岩屑	火山岩屑	其他	杂基	胶结物
2025.17	灰质长石粉砂岩	60	28	5	6	1			45
2172.78	岩屑中—细砂岩	58	12	4	23	1	2	10	6
2172.83	岩屑中—细砂岩	60	12	5	20	1	2	11	6
2173.59	岩屑中—细砂岩	56	11	7	22	1	3	18	7
2206.99	岩屑中—粗砂岩	54	15	8	17	4	2	3	14
2207.22	岩屑中—细砂岩	52	11	7	18	2	10	11	7
2207.48	岩屑中砂岩	55	13	6	22	4		4	15
2207.97	岩屑含砾粗砂岩	49	14	6	27	2	2	3	18
2208.40	岩屑粗砂岩	44	20	12	20	2	2	6	10
2209.02	岩屑含砾粗砂岩	36	11	15	27	10	1	3	14
2209.27	岩屑不等粒砂岩	48	8	13	22	8	1	5	11
2209.62	灰质岩屑中—细砂岩	58	10	8	20	3	1	2	29
2209.9	灰质岩屑中—细砂岩	57	8	11	22	1	1	2	31

续表9-3

归位深度(m)	岩性	石英	长石	沉积岩屑	变质岩屑	火山岩屑	其他	杂基	胶结物
2210.13	含云质岩屑不等粒砂岩	53	7	12	23	3	2	3	13
2218.12	岩屑细砂岩	63	7	8	15	1	6	3	8
2218.86	岩屑中—粗砂岩	58	6	12	20	2	2	3	6
2219.09	岩屑中砂岩	57	8	7	23	1	4	2	17
2219.40	岩屑中砂岩	54	10	6	25	1	4	3	13
2219.76	岩屑中—细砂岩	58	7	13	18	1	3	5	13
2221.15	含云质岩屑细砂岩	53	10	17	13	1	6	3	15
2230.08	含灰质岩屑粗砂岩	43	14	15	25	2	1	1	23
2230.24	岩屑含砾粗砂岩	41	13	17	26	2	1	5	14
2230.41	岩屑砾状不等粒砂岩	46	13	15	22	3	1	6	7
2235.01	岩屑砾状不等粒砂岩	43	15	12	22	3	5	5	9
2235.17	岩屑中—粗砂岩	45	14	10	25	4	2	4	16
2236.36	岩屑中—粗砂岩	50	10	13	20	4	4	5	16
2236.86	岩屑中砂岩	41	9	17	28	2	3	4	8
2237.37	岩屑粉—细砂岩	54	8	10	21	2	5	4	10
2238.26	岩屑中—粗砂岩	51	11	12	20	5	1	3	16
2238.56	岩屑中—细砂岩	42	13	15	24	2	4	6	10
2250.97	岩屑中—粗砂岩	42	12	16	27	1	2	6	11
2252.80	岩屑粉—细砂岩	51	10	17	20	1	1	7	10

思考题

1. "长石岩屑砂岩"这类岩石中石英、长石和岩屑含量各自范围是多少？
2. 岩屑包括哪几类？
3. 分析岩石成分与沉积相的关系。
4. 分析岩石成分与物性质量关系。
5. 分析岩石成分与成岩作用关系。

实训十　孔隙类型与成岩相分析

微观尺度储层研究是储层地质学研究重要内容，也是储层评价必要环节。这个尺度主要涉及孔隙类型、孔隙结构、黏土矿物、成岩作用等内容。本节实训主要锻炼对孔隙类型与成岩相的识别分析。

一、实训目的

通过薄片观察识别孔隙类型、成岩自生矿物类型与产状，划分成岩相类型。

二、相关知识

岩石中未被矿物颗粒、胶结物或其他固体物质充填的空间称为岩石的孔隙空间，其主要构成是孔隙和喉道。成岩相是指影响储集性能的某种或某几种成岩作用综合效应及其分布的储集空间的组合，它是沉积岩在成岩过程中经过一系列的成岩演化后形成的目前面貌。

（一）孔隙类型

碎屑岩的孔隙分类有多种。若按孔隙的成因作为分类依据，则可分为原生孔隙、次生孔隙两大类。

1. 原生孔隙

原生孔隙是指沉积物经过机械压实作用和化学胶结作用之后所保留下来的那部分储集空间。

2. 次生孔隙

次生孔隙是由淋滤作用、溶解作用、交代作用等成岩作用所形成的孔隙及构造作用形成的裂隙。它是本区的主要孔隙类型，以粒间溶孔和黏土矿物晶间微孔隙为主。其类型主要有以下几种。

（1）粒间扩大溶孔：此类孔隙为本区最发育的孔隙类型。在残余原生粒间孔隙基础上，粒间胶结物、碎屑颗粒受成岩水的影响而遭受溶解，从而形成粒间孔。

（2）粒内溶孔：主要为长石、岩屑颗粒内部遭受溶蚀而形成的溶孔，镜下可见长石、岩屑颗粒被溶蚀成蜂窝状，铸体薄片可见此现象。

（3）自生黏土矿物晶间微孔：主要指自生高岭石等黏土矿物晶体间的微孔隙。长石、岩屑溶解后，若无循环水将溶解产物带走，则形成的溶孔会被溶解产物——高岭石等矿物所充填，这样大溶孔被高岭石占据，在高岭石粒间有很多孔隙。

(4)微裂缝孔隙:包括岩石裂缝、颗粒破碎缝和贴边缝。

岩芯中水平裂缝局部层段非常发育(图3-1),高角度裂缝隙及X剪切裂缝也有发育。

(5)特大孔隙、伸长状孔隙、印模孔隙等。

(二)页岩孔隙

页岩的孔隙特征及孔隙类型的研究方法主要为实验室分析技术,包括高分辨率扫描电子显微镜,最常用最成熟的研究页岩微观孔隙的技术是氩离子抛光扫描电镜技术。将页岩储层孔隙划分为4种基本类型(表10-1;Robert G & Loucks,2012),即有机质孔、粒间孔、粒内孔、微孔缝,其中前3种类型是页岩储层主要孔隙类型(图10-1)。

表10-1 页岩储层孔隙类型划分

孔隙类型	特征
有机质孔	有机质内部的孔隙,一般为纳米级
粒间孔	颗粒之间的孔隙,一般为微米—纳米级
粒内孔	微粒内、化石内、或晶体间的孔隙,一般为纳米级
微孔缝	基质中的微小孔道,一般为毫米级

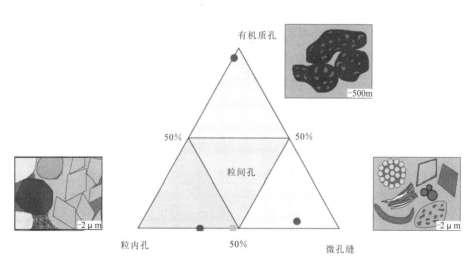

图10-1 页岩孔隙类型三角图
(Loucks,2012)

每种孔隙类型都可能有原生和次生因素影响,有机质孔是主要的孔隙类型。有机质孔是有机质内部的孔隙,为有机质在埋藏和成熟阶段形成。页岩气储层中大量发育此类型的孔隙,成因尚无统一认识,可能为排烃作用产生。在北美各大页岩气产区的薄片研究中均能在镜下发现大量此类孔隙。

(三)成岩相分析

1. 成岩相

所谓成岩相是指成岩环境与成岩产物的综合,目前人们主要根据成岩环境和成岩作用类型划分成岩相。成岩环境主要受埋藏深度的控制,另外,原始沉积物的性质也对成岩产物起着重要的影响。

成岩作用研究可以根据压实与胶结作用综合图来进行成岩相的划分,成岩相的具体划分类型包括:弱压实—弱胶结成岩相、中等压实—弱胶结成岩相、中等胶结—弱压实成岩相与致密成岩相。其中致密成岩相又可按照成岩破坏孔隙的因素将其分为两类:一类是主要以压实作用破坏孔隙为主,另外一类是强烈的碳酸盐等胶结物破坏孔隙为主(图 10-2),图中左边三角形区域主要是压实对孔隙度的影响作用较强,右边三角形区域表示胶结作用对孔隙度的影响较强。

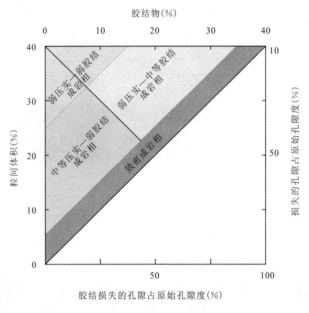

图 10-2 压实-胶结综合法成岩相划分

2. 成岩综合系数

为了定量描述成岩作用对储集性能的综合影响,即成岩作用的综合效应,采用"成岩综合系数(C_D)"这一参数来表述,其表达式为:

$$成岩综合系数(C_D) = \frac{孔隙度}{视压实率 + 视胶结率 + 微孔隙率} \times 100\%$$

其中:视压实率(α)反映机械压实作用对原始孔隙空间体积的影响程度,表达式为:

$$视压实率(\alpha) = \frac{40 - 粒间孔体积}{40} \times 100\%$$

式中：40%为假定研究区沉积物的原始粒间孔隙度；粒间孔体积为岩石铸体薄片下粒间孔隙体积与胶结物体积之和。

视胶结率（β）反映胶结作用对原始孔隙空间体积的影响程度。用下式表达：

$$视胶结率(\beta) = \frac{胶结物体积}{胶结物体积+粒间孔体积} \times 100\%$$

$$微孔隙率 = \frac{物性孔隙度-面孔率}{物性孔隙度} \times 100\%$$

$$溶解率(Q) = \frac{溶蚀孔体积}{100-40} \times 100\%$$

成岩相命名原则划分——压实＋胶结＋溶解成岩相，其成岩微相划分标准见表 10-2。

表 10-2 成岩微相的划分标准

指标 成岩指数	＞70%	70%～30%	＜30%
视压实率（α）	强压实	中等压实	弱压实
视胶结率（β）	胶结程度强	中等胶结	胶结程度弱
溶解率（Q）	强溶解	中等溶解	弱溶解

利用岩石薄片观察的粒间孔、胶结物含量和相应岩芯物性分析孔隙度，可分段求取部分井点的视压实率、视胶结率和综合成岩系数。

因此，在成岩综合系数表达式中，分子代表了使储集性能变好的成岩作用效应，分母代表了使储集性能变差的成岩作用效应。成岩综合系数能够较全面地反映储层在经历各种成岩演化以后，对储层孔隙空间的影响程度。在孔隙度一定的情况下，若某样品的视压实率较低，胶结率也较低，且微孔隙不发育，则成岩综合系数高；若样品的视压实率高，胶结率也较高，且微孔隙发育，则成岩综合系数低。因此，可以用成岩综合系数来定量表征各种成岩作用对储集空间变化影响的综合效果，其值越大，说明使储集性变好的成岩作用影响越大，而使储集物性变差的成岩作用则影响较小。

成岩亚相划分及其命名采用格式为：①＋＋＋石英胶结成岩亚相；②＋＋＋黏土胶结成岩亚相；③＋＋＋碳酸盐胶结成岩亚相。

三、实训内容及要求

(1) 掌握孔隙类型的描述。
(2) 能够独立完成成岩相和成岩亚相的划分及准确命名。
(3) 实训材料，见图 10-3 和图 10-4。
(4) 完成表 10-3、表 10-4。

表 10-3 孔隙类型分析结果

样品编号	孔隙类型	描述
1	原生孔隙	
2	次生孔隙	
3		
4		
5		

表 10-4 成岩相及成岩亚相的划分结果

样品	粒间体积(%)	胶结物体积(%)	粒间孔隙体积(%)	溶蚀孔体积(%)	视压实率(%)	视胶结率(%)	溶解率(%)	成岩相划分	成岩亚相划分
1-jiaojie									
2-jiaojie									
3-kongxi									
4-kongxi									
5-kongxi									

思考题

1. 砂岩原生孔隙标志有哪些？
2. 砂岩次生孔隙标志有哪些？
3. 常见砂岩主要胶结物类型有哪些？
4. 页岩孔隙类型与常规砂岩孔隙类型有何区别？
5. 碳酸盐岩孔隙类型与砂岩孔隙类型有何区别？

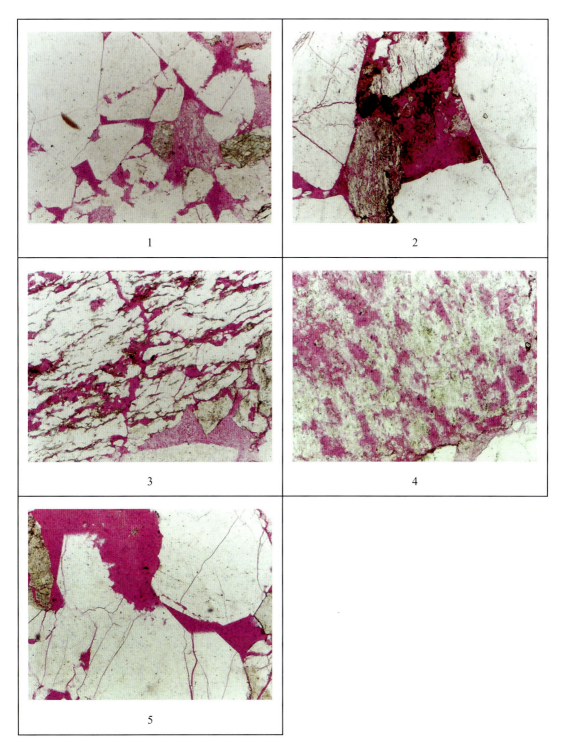

图 10-3 孔隙类型识别显微照片(红色部分为孔隙)

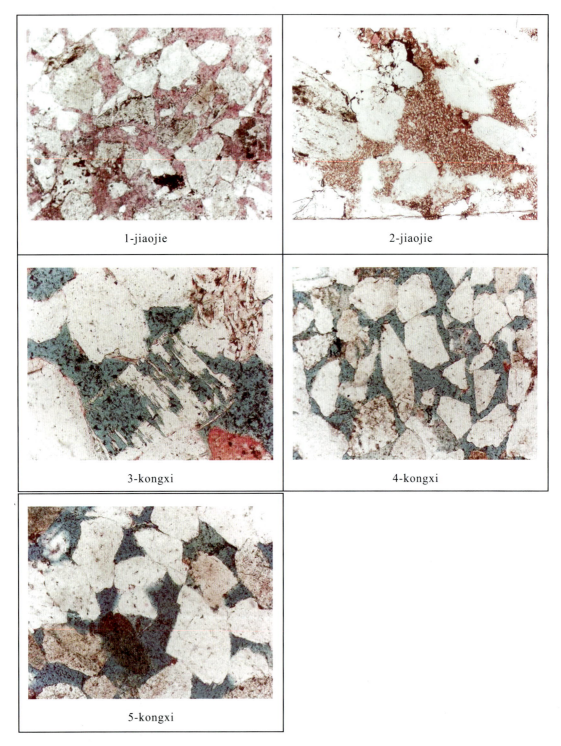

图 10-4 成岩相识别显微照片(蓝色部分为孔隙)

实训十一　岩石孔隙结构图像分析

孔隙结构(Pore Structure)是指岩石所具有的孔隙和喉道的几何形状、大小、分布、相互连通情况,以及孔隙与喉道间的配置关系等。它反映储层中各类孔隙与孔隙之间连通喉道的组合,是孔隙与喉道发育的总貌。储层的孔隙反映了岩石的储集能力,而喉道的形状、大小则控制着孔隙的储集和渗透能力。砂岩的孔隙和喉道的大小及形态主要取决于颗粒的接触类型及胶结类型,砂岩颗粒本身的形状、大小、磨圆度和球度也对孔隙和喉道的形状有直接的影响。应用显微图像分析系统可以精确地描述砂岩储层孔隙结构变化特征。研究孔隙结构的目的是为储层评价提供依据。

一、实训目的

加深对孔隙结构特征认识,理解孔隙结构参数意义;结合图片,根据实验所测得的图像分析数据进行分析和制图。

二、相关知识

1. 砂岩孔隙结构测定方法

如表11-1所示,砂岩孔隙结构测定分为间接测定法、直接观测法和数字岩芯法3类。压汞法测定孔隙结构参数最为常见,图像分析方法因其简单易行也广为使用。

表11-1　孔隙结构测定方法表

类型	方法
间接测定法	毛管压力法,包括压汞法、半渗透隔板法、离芯机法、动力驱替法、蒸汽压力法等
直接观测法	铸体薄片法、图像分析法、各种荧光显示剂注入法、扫描电镜法、玻璃刻蚀法等
数字岩芯法	CT扫描、铸体模型法、数字岩芯孔隙结构三维模型重构技术

2. 与岩石铸体薄片相关的孔隙结构参数

孔隙:广义的岩石孔隙是岩石内部的孔隙(孔腔)和喉道的总称。由于颗粒大小不同,形状各异,排列复杂,加上胶结物的多样性,使岩石孔隙形状、分布、连通状况极为复杂,极不规整,是一个复杂的三维立体网络。

由3个或3个以上岩石颗粒包围的空间称为孔隙(孔腔),相邻两孔之间的连接部分称为喉道。

喉道宽度(直径):连接相邻两孔隙的喉道最窄处的宽度。

孔隙直径:用等效面积圆表征的孔隙直径。等效面积圆直径定义为,将孔隙的面积等效于某一圆的面积,该圆的直径称为等效面积圆直径。

面积频率:所测图形中某一径长范围的图形面积,占所有被测图形面积的百分比。

孔喉比:孔隙直径与喉道直径的比值。

配位数:与孔隙连通的喉道个数。

3. 图像分析法

铸体与薄片:在一定温度和压力下,注入岩石孔隙中的环氧树脂或有机玻璃与固化剂发生固化反应,孔隙被胶结充填,形成致密岩石铸体。通过切割、磨制制作成岩石薄片,获取二维截面。

体视学与扫描统计:三维空间内特征点的特征可以用二维截面内特征点的特征来表征,图像分析方法对二维图像进行扫描,并对特征点的像素群进行检测和编辑处理,得到二维图像的特征值。

测定参数:对视域内孔隙逐个进行特征测定,获取孔隙基本特征值,包括孔隙面积、孔隙周边长、喉道个数和喉道宽度。

计算获得参数:通过公式计算可以获得面孔率、孔隙直径、平均孔隙直径、视孔隙比表面、平均视孔隙比表面、孔隙形状因子、平均孔隙形状因子、孔喉比、平均孔喉比、孔隙均质系数、孔隙直径分选系数、平均孔隙配位数共12个孔隙结构参数数据(引自国家石油标准,2004)。

三、实训内容及要求

(1)通过计算机制图完成孔隙、喉道半径分布 Excel 直方图统计,并比较各自岩石结构的特点。

(2)完成图件结合对应的图片分析储层结构差异和储层质量。

(3)完成实训报告。

表11-2是4个样品孔隙分布参数表,图11-1为其铸体薄片图版,用所给的图像分析资料作孔隙分布图,并用文字表述分析结果。

表11-2 孔隙分布参数表

孔径 lgD	面积频率(%)			
	6-tx B6-12-2268.9	7-tx b6-12-2275.7	8-tx b108-2215.42	9-tx b103-2018.42
1.0	0	0	0	0
1.1	2.02	1.09	1.43	1.20
1.2	1.03	0.52	0.81	0.45
1.3	1.09	0.35	0.69	0.44
1.4	1.36	0.55	0.80	0.70
1.5	1.89	0.86	1.01	0.75
1.6	1.35	0.72	0.90	0.67
1.7	2.66	0.94	1.27	0.97
1.8	3.38	1.69	2.35	1.95
1.9	7.15	2.89	3.85	2.98
2.0	10.20	5.25	3.79	2.98

续表 11-2

孔径 lgD	面积频率(%)			
	6-tx B6-12-2268.9	7-tx b6-12-2275.7	8-tx b108-2215.42	9-tx b103-2018.42
2.1	16.77	5.64	9.34	4.72
2.2	22.30	9.79	8.99	9.24
2.3	14.29	17.53	13.41	16.03
2.4	10.73	13.89	17.27	15.47
2.5	3.78	11.86	16.84	19.26
2.6	0	2.68	6.67	22.20
2.7	0	17.02	10.58	0
2.8	0	6.74	0	0
2.9	0	0	0	0

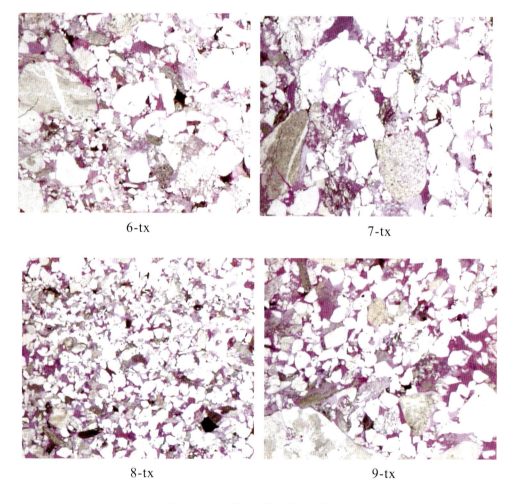

图 11-1 图像分析铸体薄片图版

思考题

1. 用哪些参数表达孔隙结构非均质程度?
2. 孔径直方图分布有几种情况?各代表怎样的孔隙分布特点?
3. 三维数字化孔隙结构模型如何构建?
4. 孔隙结构模式及孔隙分布受控因素有哪些?
5. 孔隙结构如何分类?

实训十二　孔渗分析与流动单元划分

实验室或野外实测到的岩石孔隙度、渗透率是宝贵的储层物性资料,是评价储层质量及其渗流能力的主要参数指标,对指定合理开发方案及开发措施有重要参考价值,也是计算油气储量的重要参数。

因此,分析孔隙度、渗透率之间关系,以及其与岩性、粒度等参数之间关系,进而合理划分评价储层流动能力和等级,合理划分流动单元,评价储层质量对油气勘探和开发均有重要意义。

一、实训目的

分析孔隙度与渗透率之间的相关关系,以及其与岩性、粒度等参数之间对应关系。理解流动单元概念及其控制因素;应用流动带指数(Flow Zone Index)方法划分流动单元。

二、相关知识

1. 孔隙度与渗透率相关性

孔隙度与渗透率的关系,一般认为是半对数线性关系(图12-1)。实际上,这个关系比较复杂,其半对数线性关系相关性普遍不好,甚至很差。那么,在何种情况下孔隙度与渗透率相关性好呢?相关性差的原因又是什么呢?

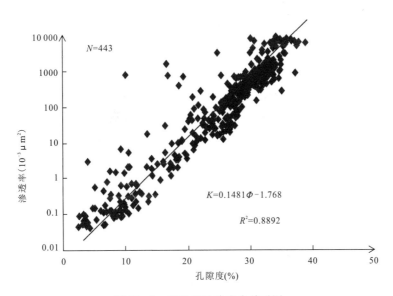

图12-1　某油田孔渗交会关系图

图 12-2 表示野外露头测定的孔隙度与渗透率值交会图。图中显示,相同层理类型和规模条件下的同一个层理组内测定的样品其对数相关性最好,可以认为是半对数线性关系。这说明,砂岩形成时的水动力条件决定了物性的相关性及其差异性。在储层研究过程中,常常把不同井、不同油层组、不同岩性的取芯测试样品混在一起作图,这是导致孔隙度与渗透率相关性下降的主要因素。

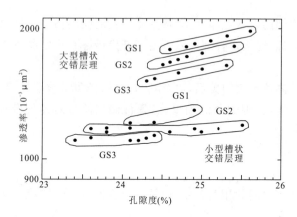

图 12-2 某野外露头密集取样孔渗交会关系图

2. 孔隙度与渗透率的控制因素

除沉积因素外,成岩和流体等因素也影响孔隙度和渗透率值的大小,进而影响其关系。常见的地质影响因素有岩性(粒度)、泥质含量、沉积相、胶结物类型及含量、次生孔隙类型等。

图 12-3 为某油田的不同岩性的孔隙度和渗透率关系图,结果显示岩性对物性的控制规律明显,粗砂岩、中砂岩、细砂岩、粉砂岩物性较好,孔隙度一般大于 30%,渗透率一般大于 $100 \times 10^{-3} \mu m^2$,泥质砂岩次之,钙质砂岩和介壳灰岩的孔渗很低,一般孔隙度和渗透率均分别小于 10% 和 $10 \times 10^{-3} \mu m^2$。

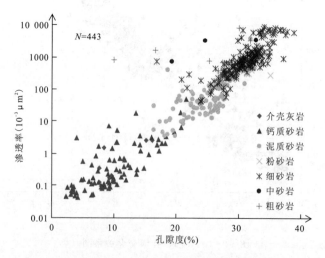

图 12-3 某油田岩性与孔渗关系图

图 12-4 为某油田分不同沉积微相统计的孔隙度和渗透率关系图,结果表明:不同沉积微相的孔隙度和渗透率分布明显不同。临滨砂坝微相及砂坪微相物性条件最好,潮汐水道、席状砂次之,砂坝微相的孔隙度及渗透率分别集中在 30%~40% 和 $(100\sim 1000)\times 10^{-3}\mu m^2$。

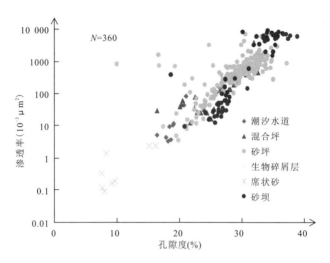

图 12-4 某油田不同微相孔渗交会关系图

3. 流动单元及其划分

能否找到一种单元或者参数来表达孔隙度和渗透率良好的相关性呢?即找到相同水力条件下形成的相似层理类型的单元,其孔渗相关性就好。

1984 年 Hearn 等在研究美国怀俄明州 Hartog Draw 油田 Shannon 储层时,发现不同部位储层的质量不同,从而对生产动态的控制作用也不同,由此提出了流动单元(Flow Units)的概念,并将其定义为横向和垂向岩性及岩石物理性质(主要指孔隙度和渗透率)相似的储集体。此概念一提出就得到了世界各国油藏地质工作者的广泛响应。人们普遍认为,流动单元能准确表征地下储层质量及分类,能描述流体流动特点及分布规律,从而准确标定剩余油富集区,指明挖潜方向。

划分流动单元的目的是以流动单元内部储集层物性差异最小、不同流动单元之间储集层物性差异最大,在储层垂向上和平面上细分"相对均质"的储集层单元。在众多流动单元划分方法中,FZI 具有定量识别和划分的特点,能大大提高渗透率的测井解释精度,因而得到了广泛的应用,其理论基础是水力半径和柯兹尼-卡曼(Kozeny-Carman)孔渗关系。柯兹尼-卡曼孔渗关系公式为:

$$K = \frac{\phi_e^3}{(1-\phi_e)^2} \cdot \frac{1}{F_S \tau^2 S_{gv}^2} \tag{12-1}$$

式中:K——渗透率;

ϕ_e——有效孔隙度;

F_S——形状系数;

τ——弯曲度;

$F_S\tau^2$——习惯上称为 Kozeny 常数,在储层内实际上是一个在 5~100 之间变化的变常数;
S_{gv}——单位颗粒体积比表面。

将式(12-1)两边同除 ϕ_e,并开平方得:

$$\sqrt{\frac{K}{\phi_e}}=\frac{\phi_e}{1-\phi_e}\cdot\frac{1}{\sqrt{F_S\tau}S_{gv}} \qquad (12-2)$$

定义储集层质量指标:

$$RQI=\sqrt{\frac{K}{\phi_e}} \qquad (12-3)$$

标准化孔隙度指标:

$$\phi_z=\frac{\phi_e}{1-\phi_e} \qquad (12-4)$$

流动带指标:

$$FZI=\frac{1}{\sqrt{F_S\tau}S_{gv}} \qquad (12-5)$$

将式(12-3)、式(12-4)、式(12-5)代入式(12-2)得:

$$FZI=\frac{RQI}{\phi_z} \qquad (12-6)$$

将式(12-6)两边取对数得:

$$\lg RQI=\lg\phi_z+\lg FZI \qquad (12-7)$$

FZI 是把岩石矿物特征、孔喉特征及结构特征综合起来的表征孔隙几何特征的参数,可以比较准确地描述储层非均质特征。当 FZI 值相同时,说明储集层(样品)孔喉特征相同,属于同一流动单元。式(12-7)说明在 $RQI-\phi_z$ 的双对数关系图上,具有相同 FZI 值的样品,将落在斜率为 1、截距为 $\lg FZI$ 的直线上;具有不同 FZI 值的样品,其 RQI 与 ϕ_z 呈相互平行的直线关系(图 12-5)。划分的各类流动单元其特征参数见表 12-1。

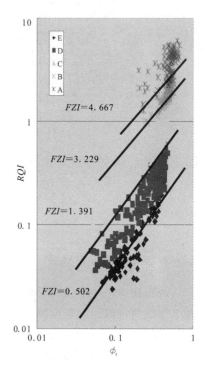

图 12-5 某油田 13 区流动单元划分图

表 12-1 某油田流动单元划分结果及物性参数统计表

流动单元类型	$FZI(\mu m)$ 范围/均值	渗透率($\times10^{-3}\mu m$) 范围/均值	孔隙度(%) 范围/均值	RQI 范围/均值	ϕ_z 范围/均值	个数
A	4.667~15.746 /7.449	307.87~13 953.036 /4953.942	16.58~39.97 /32.74	1.266~5.994 /3.636	0.199~0.666/ 0.493	119
B	3.229~4.667 /3.912	201.081~2380.469 /1180.814	19.44~36.85 /32.02	0.978~2.538 /1.857	0.241~0.584/ 0.473	184
C	1.391~3.229 /2.326	0.58~1167.137 /303.877	4.94~37.63 /28.14	0.108~1.762 /0.939	0.052~0.603/ 0.396	368
D	0.502~1.391 /0.939	0.07~112.436 /30.925	4.62~32.34 /23.81	0.036~0.604 /0.309	0.048~0.478/ 0.321	348
E	<0.502 /0.374	0.050~10.903 /1.407	6.31~28.14 /14.64	0.024~0.195 /0.068	0.067~0.392/ 0.178	83

三、实训内容及要求

(1) 完成孔隙度-渗透率半对数交会图,标出岩性类型。
(2) 完成 FZI 法流动单元划分图,标出岩性类型。
(3) 分析 FZI 与流动单元及岩性的关系。
另外提供数据:岩芯实测物性及其对应的岩性数据表(课堂补发)。

思考题

1. 常用的物性非均质性评价参数有哪些?
2. 在何种情况下渗透率与孔隙度的相关性接近半对数线性关系?
3. 如何理解渗透率的方向性,这种方向性受何种因素控制?
4. 微相、岩性与孔隙度有何关系?
5. 你如何理解流体流动单元的概念?对评价储层质量有何意义?

实训十三　现代沉积环境考察研究方法

"将今论古"是地质学研究的基本原则和重要方法，现代沉积环境广布于地球表面和水体之下，对现代沉积环境的考察、描述、解剖分析是储层地质学的重要内容之一。通过现代沉积考察可以获得沉积微环境的写实平面图，也可以获得任一测线方向探槽剖面图，对认识储层结构、构成单元、层理单元有不可替代作用。现代沉积建立的沉积储层模式对地下同类沉积储层有直接的指导作用。

一、实训目的

学会使用野外测量定位工具，如卫星地图、罗盘、皮尺、GPS 等。学会选择考察地点；学会布控观察路线；学会打造现代沉积探槽剖面；掌握各个观察点、观察线以及观察探槽剖面的标记、观察、描述、编录方法；获取照片、样品方法；完成现场素描、信手剖面图的制作。加深对砂岩沉积粒度、层理、界面、砂体期次、砂体规模、水动力过程的理解，加深对沉积环境和沉积相单元三维空间关系的理解，加深对小尺度储层非均质性模型的认识。

二、相关知识

1. 卫星地图的使用

现代沉积环境考察路线的确定可以利用卫星地图进行准确分析，高分辨率卫星图片不仅可以帮助我们筛选最佳沉积环境及最佳考察路线，也可以准确确定考察点位置、主要现象、探槽位置、取样计划等（图 13-1），以及定量分析沉积演化的主控因素（图 13-2）。

图 13-1 是玻利维亚 Salar de Uyuni 盐湖盆地 Río Colorado 和 Río Capila 河流考察路线与取样位置图，前往野外前完成，指导野外工作使用。

距离武汉较近的沉积考察路线很多，包括长江、汉江及其支流的河流沉积环境；众多湖泊环境以及三角洲环境。其中最具考察价值的有长江荆江段曲流河沉积现象、汉江汉川段曲流河沉积现象（图 13-3）以及江西境内鄱阳湖赣江大型浅水三角洲沉积现象（图 13-4）。

汉江汉川段曲流河沉积现象（图 13-2）是我们实训计划前往的地点，位置位于汉川市马口镇北侧，主要考察的沉积环境有河道、废弃河道（牛轭湖）、点坝、废弃点坝、天然堤、泛滥平原等，重点是要通过探槽详细解剖点坝砂体沉积演化过程和沉积构成单元、层理特征、粒度特征等，完成系列图件。

曲流河沉积砂体集中于点坝位置，点坝是一个随着河道弯曲度不断增大在河道凸岸逐渐侧积形成的大型砂体，理想模式中点坝的粒度、沉积构造、底形变化在垂向上异常典型（图 13-5）。汉江汉川马口段点坝结构如何，可以到现场得到答案。

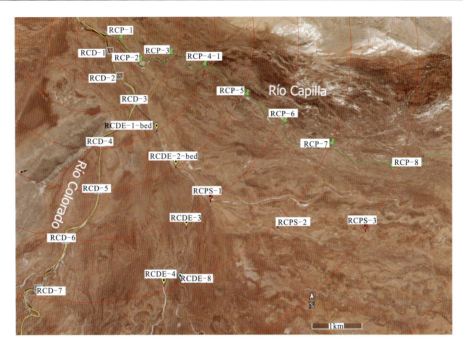

图 13-1　玻利维亚 Salar de Uyuni 盐湖盆地 Río Colorado 和 Río Capila 河流考察路线与取样位置图
(李嘉光,2015 内部资料)

图 13-2　遥感影像数据在定量刻画植被对河流沉积演化影响中的应用
(Li et al., 2015)

图13-3　汉江汉川段曲流河沉积现象

图13-4　江西赣江大型浅水三角洲沉积现象

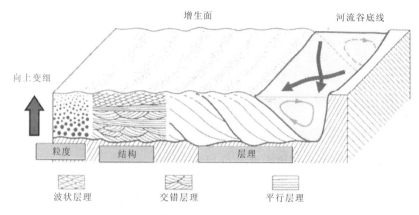

图 13-5 曲流河点坝侧积沉积砂体结构图
(Veeken & Moerkerken,2014)

2. 沉积探槽

探槽一般采用与岩层或矿层走向近似垂直的方向开挖。沉积探槽一般选择与水流方向垂直或者平行方向开挖,长度可根据地质情况而定。断面形状一般呈梯形,槽底宽最少0.6m,疏松地层探槽最大深度一般不大于2m。断面至少一侧要平整光滑,便于沉积现象的观察描述。探槽施工简便,成本低,应用较广,尤其在野外地质勘探过程中是主要勘探方法之一。

地质编录在探槽施工终止后由地质人员及时进行,采用1:100或者更大比例尺编录。编录时先对探槽进行系统分层,并详细记录岩层分层位置、分层岩性、沉积构造等地质现象,现场同步绘制1:100或者更大比例尺的素描图,以及同步照相(图13-6)。

图 13-6 玻利维亚 Salar de Uyuni 盐湖区域河流砂体探槽断面
(李嘉光摄,2015)

在探槽进行编录后根据工作要求及编录结果需设计岩石样采集,一般样品采集于层理组内部,垂向连续采样。

对于河道砂体,探槽断面现象十分丰富,沉积层颜色、粒度、沉积构造、化石、特殊含有物等要素齐全,尤其是沉积层理现象丰富,是我们编录描述中需要详细观察的部分。

三、实训内容及要求

(1)网上获取卫星图片,按照小组自己设计观察点和探槽路线。

(2)现场探勘以及平面沉积环境类型识别、丈量、成图。

(3)以小组为单位现场完成探槽。

(4)断面观察描述,按照沉积层颜色、粒度、沉积构造、化石、特殊含有物等要素编录断面图,完成素描图、照相、取样等工作。

(5)完成层面划分和岩性相划分,进行构成单元分析和沉积过程分析。

必备材料:方格纸、直尺、铅笔、罗盘、皮尺、铁锹、铁锹等。

思考题

1. 曲流河平面微相单元类型有哪些?
2. 点坝砂体垂向变化规律如何?
3. 纹层、层理、层理组、冲刷面如何识别?
4. 枯水期与洪水期曲流河沉积单元主要变化如何?
5. 曲流河形成背景如何?

实训十四　野外露头储层沉积学考察研究方法

良好的野外露头是储层沉积学必不可少的研究场所，通过露头剖面详细解剖研究，可以获得剖面垂向二维砂体结构模式，借此类比相同类型地下储层，将会大大提高地下储层非均质性的认识。不仅如此，良好露头剖面还可以密集取样，或者密集测试储层物性，获取与砂体结构对应的物性分布模式。

一、实训目的

学会如何选择良好野外露头剖面用于储层沉积学观察研究；学会使用研究观察剖面地区地质图；学会野外剖面常规测量工具，如罗盘、放大镜、地质锤、皮尺、GPS等的使用；了解野外露头，研究新型仪器用途，如便携式物性测定仪、探地雷达等；学会沉积地层单元划分及沉积界面识别；掌握各个观察点、观察描述方法，完成现场素描图、信手剖面图的制作；获取照片、样品方法及测试数据。

最重要的是，通过野外露头观察描述，加深对某类沉积体沉积微相、砂体结构、沉积构成单元的认识，加深对沉积砂体垂向和横向空间关系的理解，加深对中小尺度储层非均质性模型的认识。

二、相关知识

野外露头储层沉积学观察研究大概采用如下步骤和方法。

1. 露头剖面踏勘

综合各种地质资料和地理交通信息选定适合研究的露头区和剖面，预先要进行踏勘评价，确定其研究可行性，包括交通位置、出露地层、沉积现象、规模大小、代表性等问题给出答案。

2. 剖面分层与网格化

选定剖面后，要对剖面沉积地层进行分层。对储层精细砂体解剖研究而言，分层要按照组界面、岩性界面、组合砂体界面、砂体界面逐级分层，按照研究目的选择地层单位编号，并进行标记，供详细描述使用（图14-1）。

一条剖面横向往往有几十米或者上百米长，为了准确确定不同位置上沉积体的变化，一般要求对剖面进行网格化划分，并对观察网格线由左至右编号，网格密度由研究目的、砂体稳定性、地貌条件等因素决定，目的是要构建完整的精细砂体三维模型。

3. 剖面方位及地层产状确定

野外剖面地层面多数并非水平，要按照主要地层单位界面测量其产状以及选择的剖面方位信息。剖面有关的信息有剖面方位、长度、坡角、高度等；地层产状信息包括倾向、走向、倾角、真厚度、视厚度等,要按照自然单层逐一测量。

图 14-1　秭归泗溪莲陀组河流砂砾岩剖面图(姚光庆摄,2015)

4. 储层沉积现象分层描述

分层详细描述剖面地质信息是野外露头考察工作的重点。要用规范的记录格式和统一的描述规范认真完成自下而上测线上每个层的现象,描述要按照详细层位编号逐层进行,描述主要内容包括岩性名称、颜色、粒级变化、颗粒结构、层理类型及其变化、夹层性质、冲刷叠置界面信息、真实厚度等。在描述测线位置上还应该标记出预计取样点位置和物性测定点位置,并对样品点位置和物性测定仪点位置进行编号。

岩性、颜色、粒级、颗粒结构、层理类型及等岩石属性的统称为岩石相,岩石相识别与描述在野外需要格外重视,岩石相是微相单元、构成单元、流动单元分析的基础,与储层物性关系密切。以准噶尔盆地南缘头屯河组露头为例,河流沉积体系岩石相类型划分为 12 类(图14-2)。

分层描述过程中,对砂体沉积构成描述也是重要内容,构成单元分析(A. D. Maill,1988)包括构成主要单元体、层次、界面的研究,核心是要对沉积过程和演化过程分析清楚。例如,图 14-3 表示了一个河流砂体砂坝迁移形成的前积结构图解,据此可以分析划分不同构成单元的叠置关系。

5. 单层横向变化描述

由于砂体具有侧向不稳定性,岩性、厚度、界面性质、夹层等储层属性参数会有侧向变化,为了描述砂体侧向变化情况,按照网格描述多条垂向测线上的地层信息(图 14-1)。或者追踪单砂体最厚位置与最薄位置,并丈量记录其数据和位置。

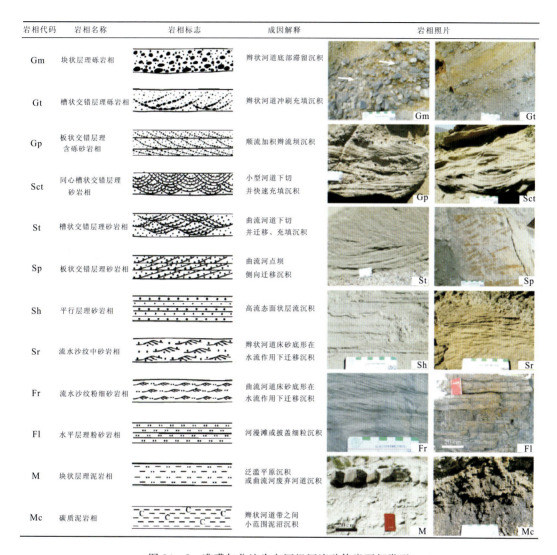

图 14-2 准噶尔盆地头屯河组河流砂体岩石相类型
(谭程鹏、于兴河,2014)

6. 野外照相、素描与信手剖面

野外要留有足够多的摄影图片,保证保留第一手野外信息,因而是必不可少的工作。在野外传统的素描图和信手剖面图也是非常必要的,可以按照不同尺度要求重点素描反映沉积过程和砂体结构的信息,如层理类型与砂体结构素描就是对摄影最好的补充(图 14-4)。

7. 密集取样及物性测定

在网格化和分层描述基础上,进行系统取样以备回到室内进行实验室分析,取样大小要按照事先预定的实验分析目的确定,保证足够多和足够大小的样品带回实验室。在野外可以采用便携式渗透率测定仪(图14-5),现场连续测定网格线上岩石的物性数值,这个方法特点是:快速、简单、连续测量、密集测量,得到的大量数据对分析沉积结构、岩性、层理类型、成岩作用与物性关系有重要的作用。

图14-3　河流沉积砂体砂坝前积结构图
(Veeken & Moerkerken,2014)

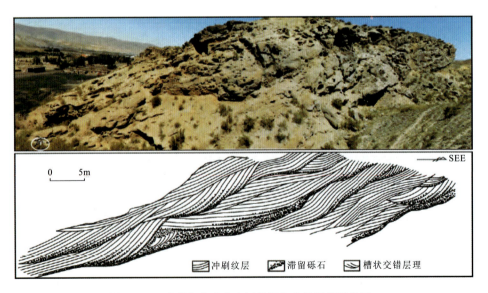

图14-4　准噶尔盆地头屯河组露头砂体层理结构图
(谭程鹏、于兴河,2014)

图 14-5　岩芯公司(美国)制造的便携式渗透率测试仪
(Portable Probe Permeameter, PPP-250)

8. 露头剖面图及垂向柱状图制作

上述野外工作完成后,可以制作露头剖面全景尺度剖面图和垂向柱状图。剖面图主要反映岩性、层面、砂体结构、沉积构造、成层性、夹层等的二维变化,是一个写实的剖面图。垂向柱状图反映厚度、岩性、沉积构造、旋回性的垂向变化,配合解释沉积相、微相的垂向变化以及水平面或者水动力大小的垂向变化。

9. 二维或者三维地质知识数字化

野外实训的目的除了掌握工作方法外,更重要的是建立储层三维露头详细解剖模型,丰富地质知识库,为地下油层精细描述与建模服务。为此,野外收集的各种资料和信息及地质认识,都要数字化,按照不同尺度等级建立不同参数和知识点的数据库,并能够建立各种参数之间的联系和对应关系,进而能够建立具有高精度、写实性的露头地层二维或者三维地质模型。

三、实训内容及要求

武汉周边野外沉积露头非常丰富,包括咸宁—通山地区露头、秭归地区露头等都是经典地质路线。为了方便,本次实训计划在学校附近南望山—喻家山北坡开展露头观察,该区出露的地层为泥盆系河流砂砾岩剖面。实训的具体要求有:①岩性及岩石相划分;②层理及砂体类型划分;③素描图绘制;④剖面图制作。

思考题

1. 剖面方向与砂体形态有何关系?

2. 如何识别冲刷面？
3. 层理类型与粒度大小有何关系？
4. 物性与岩石相关系如何？
5. 建立一种多期河道砂体三维叠置关系模型图。

实训十五　储层三维地质建模软件(Petrel 2014)操作

　　Petrel™是斯伦贝谢公司拥有的一款涵盖油气勘探到开发的综合软件平台。它包括地震处理、测井解释、储层构造模拟、储层地质建模、钻(完)井设计和油藏开发工程等模块。用户可以应用此软件从事地震资料处理、地层对比、精细储层地质建模、构造历史模拟、离散裂缝建模、储层模型粗化、离散裂缝等效渗透率计算、数值模拟模型建立、不确定性分析和图形可视化等工作。

　　Petrel软件最早由挪威的Technoguide公司开发并于1998年商业化。Technoguide公司于1996年由Geomatic的前雇员联合开发，他们中的部分人是Irap RMS软件的核心开发人员。Petrel软件的界面友好，预设的操作流程方便用户使用。2002年，斯伦贝谢公司从Technoguide公司买入Petrel软件进行市场推广、软件升级和维护工作。

第一节　数据准备

一、数据类型

　　(1)井头文件：包括井名、井口坐标、补芯海拔、井类别、完钻深度、完井日期和钻井费用等。井口坐标常用的UTM坐标系统(Universal Transverse Mercartor grid system，单位：m)，有时也有大地坐标(也称经纬度坐标，Longitude/Latitude)。补芯海拔为地面海拔和补芯高之和。在Petrel软件中，包括未定义井和减压井，井类别总共有61种，分别用0~59和308代码代替。

　　(2)井斜数据：常用的井斜数据包括三列，即钻井深度、方位角和倾角。

　　(3)测井数据：包括离散和连续型测井及测井解释数据。常用的测井数据有自然伽马(GR)、自然电位(SP)、声波时差(AC)、电阻率(深测向RD/LLD和浅测向RS/LLS)、补偿中子(CNL)和密度(DEN/RHOB)等。离散数据有岩性、沉积相/沉积微相、含油性和流动单元等，连续性数据除测井数据外还包括孔隙度、渗透率、含油饱和度、泥质含量和净毛比等。常用的测井数据文件格式有 *.las、文本格式和 *.dlis。

　　(4)分层数据：分层数据至少包括四列，井名、层面深度、层数据类型(断点为Fault或层面为Horizon)和层名称(如某油组顶)。当然也可以利用Petrel软件进行分层对比来生成分层数据。

　　(5)地震数据：Petrel常用的有segy和zgy格式。

　　(6)其他数据：文本格式的点、线数据和其他软件地震解释结果数据等，如Gocad、Kingdom、IESX等。GIS软件的点、线数据也可以通过 *.shp。

二、数据导入

Petrel 2014 较前版本的界面有大的变化,菜单栏的变化主要考虑尽可能较少地用鼠标移动距离。增加的工具面板(Tool palette)使快捷菜单移动更方便,而检查工具(Inspector)则可以通过鼠标点击物件随时显示和修改物件的属性。图 15-1 为 Petrel 2014 工作界面。本次实习的数据来源于新疆某油田,研究区 x 和 y 方向的长度分别为 618m 和 721m,研究区共有 25 口井,所用数据包括井头文件(文件名为"Data\Wellhead")、25 口井的井斜数据(见"Data\Deviation data\")、25 口井的测井数据(见"Data\Logs_las File\")、分层数据(文件名为"Data\Welltops")、断层数据(文件名为"Data\F1")和模型边界数据(文件名为"Data\Boundary")。在实训开始前,选择 file->save project as 建立和保存项目,在文件名处给项目命名。建议在软件操作过程中及时保存项目。

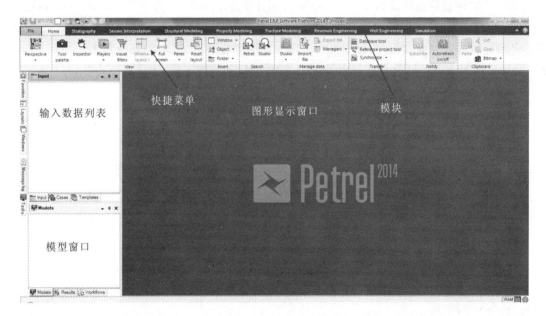

图 15-1 Petrel 2014 工作界面

1. 导入井头文件

在 Home 模块下,鼠标左键点击 Import file 或利用快捷键 Ctrl+I,操作后弹出数据输入窗口(图 15-2),选择"Wellhead"文件,并选择文件类型为 Well heads(*.*),然后鼠标左键点击 Open,则弹出坐标参照系的提示窗口(图 15-3)。本次实训操作未涉及 UTM 坐标和经纬度坐标的转化,所以直接选择 Continue spatially unaware。点击后弹出输入数据的检查和设置窗口(图 15-4),这一步要检查所输入的数据和定义的列是否一致,本次输入的井头文件是标准的 Petrel 井头文件格式,所以直接选 OK,但在输入非标准的格式文件时(如自己准备的文本文件)要注意检查,必要时需通过 来增加和减少列数,并在 Attribute 方框内选择与输入数据列对应的数据属性(图 15-5)。

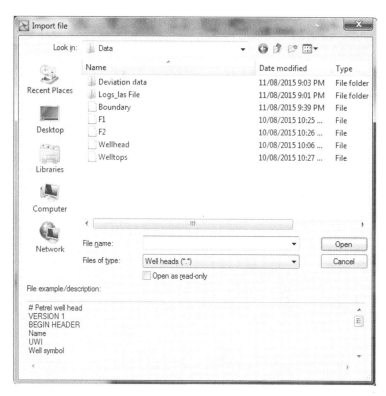

图 15-2　Petrel 2014 数据输入弹出框

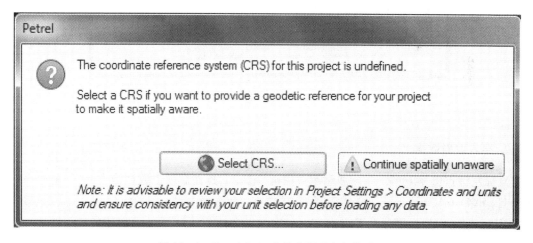

图 15-3　Petrel 2014 坐标参照系定义提示

导入井头文件后,选择最上端的 □ 分别创建一个 2D 和 3D Window(图 15-6),然后勾选图 15-7 中所示圆圈处选择显示所有井。鼠标左键双击 Wells 可以修改井的符号(Symbol)大小、标注字体(Label)的大小、颜色和位置。

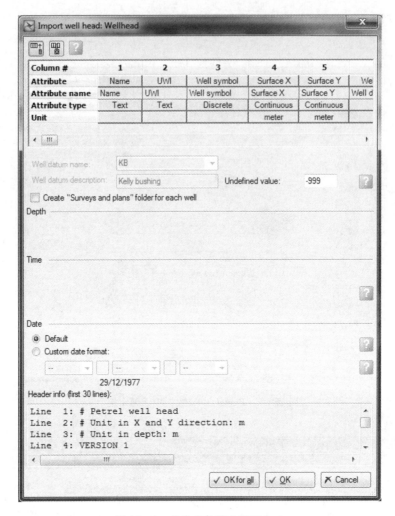

图 15-4　井头文件输入窗口(一)

2. 导入井斜数据

鼠标左键点击 Import file 或利用快捷键 Ctrl+I,操作后弹出数据输入窗口(图 15-8),选择目录\Data\Deviation data\下的所有文件,并选择文件类型为 Well path/deviation (ASCII)(*.*),然后鼠标左键点击 Open,则弹出文件名(File name)和井名(Well trace)对比窗口(图 15-9),拉动右边的滚动条对所有输入的文件和井名进行对比,必要时可以点击井名再下拉菜单下选择正确的井名。点击 OK 弹出图 15-10 所示的窗口,根据准备的井斜数据选择相应的数据组合,常用的是钻井深度(MD)、倾角(INCL)和方位(AZIM)数据列组合,查看数据,钻井深度为 MD、INCL 和 AZIM 指定正确的列,本次实训的数据中 MD、INCL 和 AZIM 分别在第 1 列、第 9 列和第 8 列。设置后点击 OK for all 按钮,完成井斜数据输入后,在 2D 窗口会显示所输入井斜数据的平面投影。

实训十五　储层三维地质建模软件(Petrel 2014)操作

图 15-5　井头文件输入窗口(二)

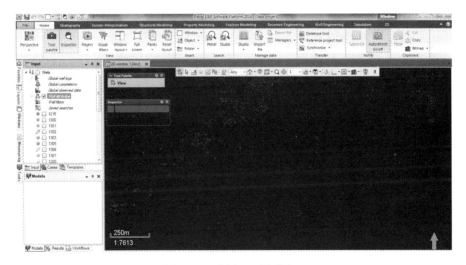

图 15-6　创建 2D 图形窗口

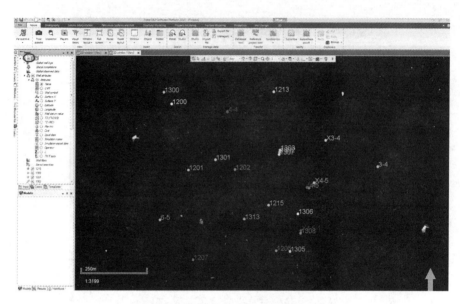

图 15-7 2D 图形窗口显示输入井位

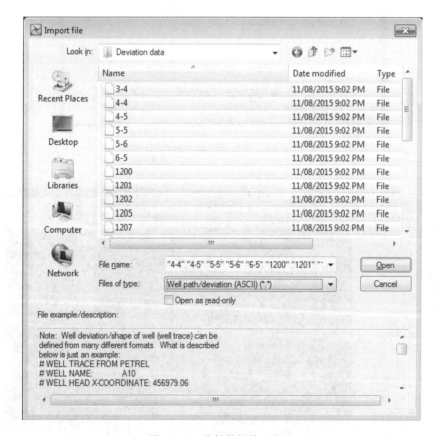

图 15-8 井斜数据输入窗口

实训十五 储层三维地质建模软件(Petrel 2014)操作

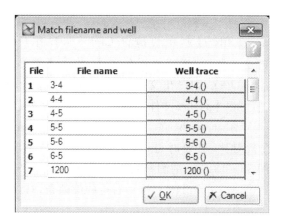

图 15-9 输入井斜文件和井名对比窗口

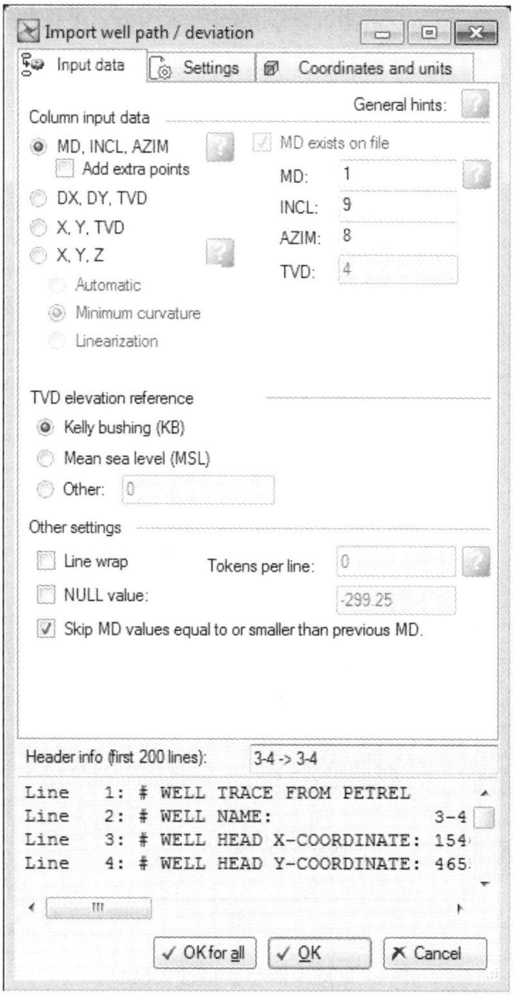

图 15-10 井斜文件数据类型设置窗口

3. 导入测井数据

鼠标左键点击 Import file 或利用快捷键 Ctrl+I，操作后弹出数据输入窗口（图 15-11），选择目录\Data\Logs_las file\下的所有文件，并选择文件类型为 Well logs(LAS)(*.las)，然后鼠标左键点击 Open，则弹出文件名和井名对比窗口，用户可选择利用井名或 UWI 匹配，测井数据的井名可以来自 las 文件头或测井数据的文件名。本次实训的测井数据的文件名即井名，因此选择 Well name based on 下的子选项 File name，拉动右边的滚动条对所有输入的文件和井名进行对比，必要时可以点击井名再下拉菜单下选择正确的井名（图 15-12）。点击 OK 弹出图 15-13 所示的测井系列匹配窗口，选择 Specified 后为不同的测井名选择正确的属性类型（Property template），拉动右边的滚动条，修改 RD 的属性为 Resistivity deep，RS 为 Resistivity shallow，Litho 为 Lithologies，然后先点击 OK 再点击 OK for all 按钮，完成测井数据输入。如果测井数据的格式为 ASCII，输入过程类似，所不同的是在输入过程中要注意指定测井系列的名称。

鼠标左键双击 Input 窗口下的 Well->Global well logs 里面的 Litho，按照图 15-14 设置岩性代码和颜色。

图 15-11　测井数据输入窗口

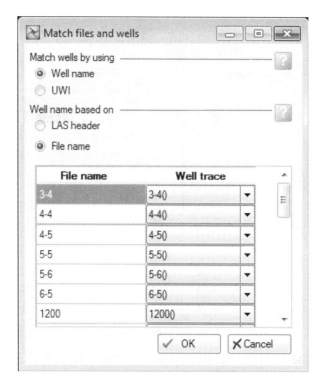

图 15-12　输入测井数据文件和井名对比窗口

图 15-13　测井数据系列设置

 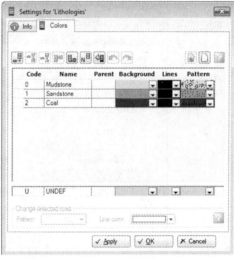

图 15-14　岩性数据属性设置

4. 导入分层数据

鼠标左键点击 Import file 或利用快捷键 Ctrl+I，操作后弹出数据输入窗口（图 15-15），选择目录\Data\下的 Welltops 文件，并选择文件类型为 Petrel well tops（ASCAII）（*.*），然后鼠标左键点击 Open，则弹出分层数据列指定窗口，点击 OK 后对后续弹出的两个窗口均选 OK 可完成分层数据输入。

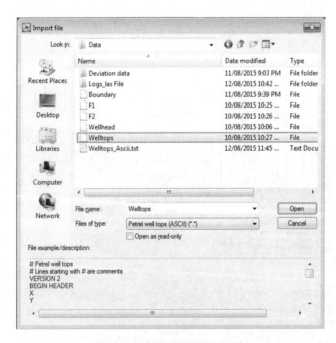

图 15-15　分层数据输入窗口

本次实训建议大家使用 Welltops_Ascii. txt 分层数据文件,这种数据是建模过程中常用的。过程基本类似,不同的是需要指定输入数据的列属性。点击 Import file 或利用快捷键 Ctrl+I,操作后弹出数据输入窗口。选择 Welltops_Ascii. txt 文件,然后鼠标左键点击 Open,则弹出分层数据列指定窗口(图 15-16),点击属性框把 1~4 列的属性分别选择为 MD、Type、Surface 和 Well,然后用鼠标左键点击数字 5 不放开,出现下箭头后按住鼠标左键往右拖动至第 28 列,松开鼠标点击删除表格中的列按钮。点击两次 OK 后完成分层数据输入。

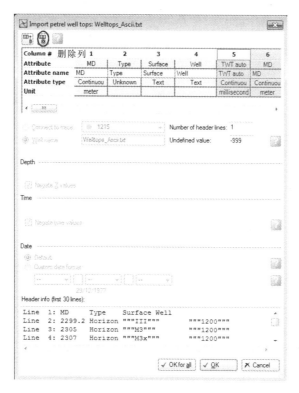

图 15-16 分层数据列指定窗口

5. 导入断层数据

鼠标左键点击 Import file 或利用快捷键 Ctrl+I,操作后弹出数据输入窗口,选择目录\Data\下的 Fault 文件,并选择文件类型为 Zmap+lines(ASCAII)(*.*),然后鼠标左键点击 Open,则弹出数据属性设置窗口(图 15-17),点击 OK 后可完成断层数据输入。

6. 导入模型边界数据

与断层数据输入过程一样,鼠标左键点击 Import file 或利用快捷键 Ctrl+I,操作后弹出数据输入窗口,选择目录\Data\下的 Boundary 文件,并选择文件类型为 Zmap+lines(AS-CAII)(*.*),然后鼠标左键点击 Open,弹出数据属性设置窗口后点击 OK 后可完成边界数据输入。

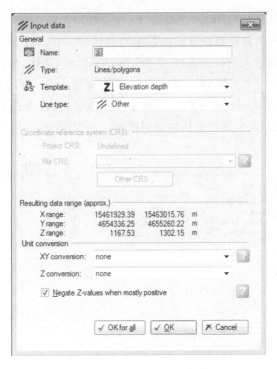

图 15-17　断层数据列指定窗口

7. 数据和图形显示

完成上述步骤后,在 Input 窗口下勾选 Wells、Fault 和 Boundary,显示的 2D 窗口如图15-18所示。把鼠标放在 2D 图形显示窗口,按住左键不放在屏幕上拖动可以缩小和放大图形,按住 Ctrl+鼠标左键则可以移动图像。在 3D 图形显示窗口,按住左键不放在屏幕上拖动可以旋转图形,按住 Ctrl+shift+鼠标左键可放大或缩小图像,按住 Ctrl+鼠标左键则可以移动图像。

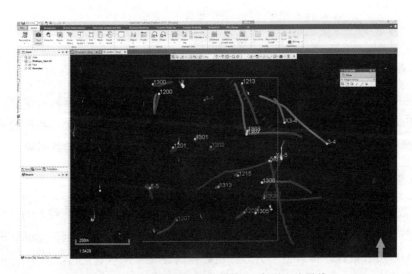

图 15-18　2D 窗口显示井位轨迹、断层和边界线

在 3D 图形显示窗口,按图 15-19 在 Input 区勾选需要显示的井轨迹和分层数据。如果分层点在井位轨迹上无显示,则双击 Welltops_Ascii(图 15-19 所指 1 处),在弹出的窗口下,不勾选 Depth 下的 Show discs(图 15-19 所指 2 处),点 OK 确定,则可见分层点在井位轨迹上(图 15-20)。

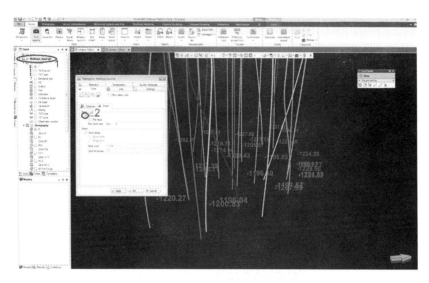

图 15-19 3D 窗口显示井位轨迹及分层数据(一)

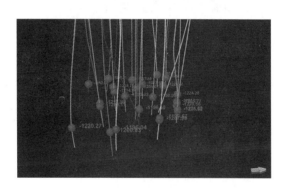

图 15-20 3D 窗口显示井位轨迹及分层数据(二)

联井剖面是另一种常见的图形,同时也可以利用联井剖面进行地层对比。将软件上端的模块由 Home 切换为 Stratigraphy,选择 工具后弹出图 15-21 所示窗口,点 OK 后工具面板(Tool Palette),如图 15-22 所示。在屏幕上点击要选择的井,选完后按键盘上的 Esc 键完成剖面设置。完成后在 Input 窗口下会出现 Cross sections 文件夹,同时在图形显示窗口上方出现 Well section window 1[SSTVD]窗口,点击可切换至该窗口(图 15-23)。

在联井对比剖面窗口,拖动深度栏的白色方框边界可以改变垂向比例的大小,垂向比例的大小也可以通过窗口上方的 方框输入。横向上可以按比例显示或者取定值。另外,可以通过剖面模板和剖面井属性按钮修改测井曲线的颜色、填充测井栏或合并测井曲线道。

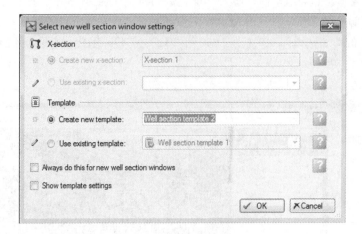

图 15-21 联井剖面设置窗口

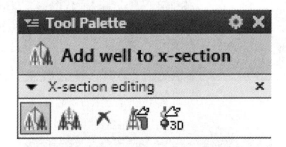

图 15-22 联井剖面编辑工具面板

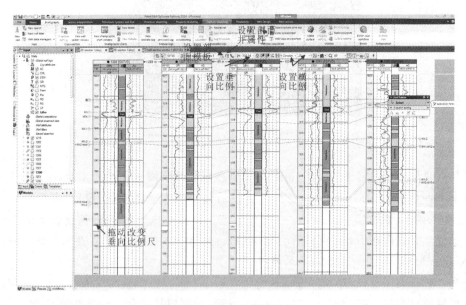

图 15-23 联井剖面对比窗口

第二节 储层构造建模

一、断层建模

在数据输入的基础上,将软件上端的模块切换为 Structural Modeling,点击 Define model 定义模型名称。在 3D 窗口下,只勾选 Input 窗口下的 Fault,然后选择快捷菜单中的多边形编辑工具(Polygon editing),对应的多边形编辑工具面板如图 15-24 所示。用鼠标左键圈选所有线条,然后选择 Fault model object 下的 Convert selected sticks to pillars,在弹出如图 15-25 所示的窗口中选择 Pillar 类型为 Listric,点 OK 后在 3D 窗口会有断层显示。如果形状点过大,可以双击 Models 窗口下的 Fault model,在弹出的断层模型设置窗口下,把默认的形状点的大小由 40 改为 10,Pipe width 由 10 改为 2,点 OK(图 15-26)。图 15-27 为最终生成的断层。

图 15-24 多边形编辑工具面板

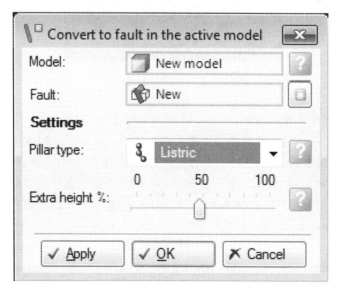

图 15-25 断层柱子类型选择

图 15-26　断层模型设置

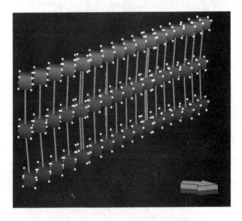

图 15-27　生成的断层模型

如果在分层数据中有断点数据,则需要将断点和建立的断层锁定。具体操作是在 3D 窗口下,显示分层数据下的断点,选择断层模型编辑工具(Edit fault model)(图 15-28),在如图 5-29 所示的工具面板中选择第 2 个按钮,首先点击断点,按住 Shift+鼠标左键选择最近的断层柱子(如果两者距离较远,可以选择一根柱子,再按住 Shift+鼠标左键选择旁边的柱子,然后按鼠标右键,在弹出的菜单下选择 Add pillar between 按钮),最后点击鼠标右键,在弹出的窗口下选择 Lock/unlock well tops,结果如图 15-30 所示。

编辑断层模型　　　　　　　　　　　　　　　编辑多边形

图 15-28　断层模型编辑工具

图 15-29 断层模型设置

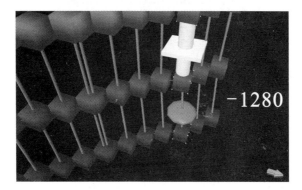

图 15-30 断点锁定在断层面上

二、网格模型

在 2D 窗口下,只勾选 Input 窗口下的 Boundary 和 Models 窗口下的 Fault model(图 15-31)。在网格化之前,需要建立一个封闭的网格边界。首先选择 Strucutral Modeling 下的 Polygon editing 工具,然后鼠标右键点击选择图 15-31 中的 Boundary 线条,在弹出的窗口下(图 15-32)选择线条闭合。然后在 Input 窗口下,右键点击 Boundary 选择 Convert to grid boundary。除利用封闭曲线转化成模型边界方法外,也可以利用 Strucutral Modeling 下的 Edit fault model 工具面板(图 15-33)里面的工具设置任意的边界,断层或断层的部分有时会被用作边界。

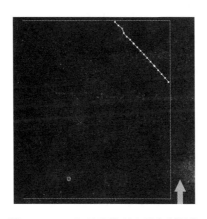

图 15-31 2D 显示模型边界和断层线

图 15-32 鼠标右键点击线条后的弹出菜单

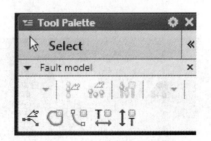

图 15-33 断层模型编辑工具面板

边界设置后,点击 Strucutral Modeling 下的 Pillar gridding 工具,在弹出的窗口(图 15-34)中设置网格大小为 20m。点击 OK 并在弹出的窗口中点击 Yes 生成网格。这时,在 Models 窗口下生成了 3D grid[图 15-35(a)],生成的网格如图 3-35(b)所示。

图 15-34 模型网格化窗口

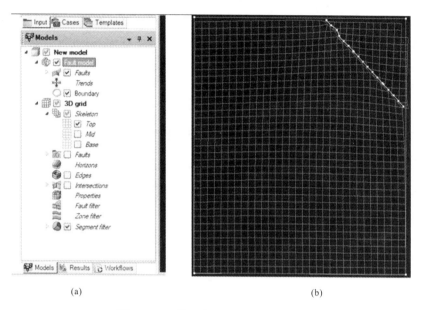

图 15-35 模型窗口和网格化结果图

三、层面模型

本次实训的资料中,研究区的分层如图 15-36 所示,Ⅲ1 油组的顶(即层面Ⅲ)和底(即Ⅲ2)为油组层面,其他从 a 至 f 为小层界面。首先选择 Strucutral Modeling 下的 Horizon 工具生成油组界面,然后选择 Zone 工具生成小层界面。点击 Horizon 工具,在弹出的窗口下(图 15-37)添加两个层面(1 处),然后在 Input 窗口下鼠标左键分别选择Ⅲ和Ⅲ2,点击图 15-37 的 2 处即可添加分层数据用于生成层面。建立层面后选择 Make zone 工具,点击弹出窗口的 1 处,输入 8;然后点击 2 处,在 Input 的分层数据窗口下,鼠标左键选择 M3,然后点击位置 3 处的箭头即可把 7 个小层的界面一次加载,然后把 Input type 栏的所有 Isochore 除第一个改为 Rest 外其余均改为 Conformable(图 15-38),点击 OK 则可生成小层层面(图 15-39)。

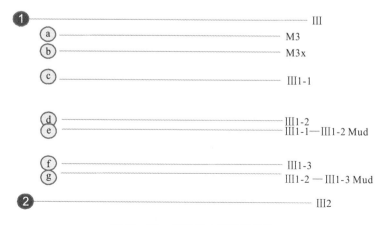

图 15-36 油组和小层界面划分

在创建油组和小层层面的基础上,需要利用 Layering 工具对垂向网格进行细化,考虑到煤层和泥岩段非有效储层,所以这些小层垂向划分为一个网格,砂岩段垂向网格划分在考虑小层厚度的基础上,按图 15-40 设置可生成垂向网格大小为 1m 左右,设置后点击 OK 完成垂向网格划分。最终得到的层面及小层层面结果如图 15-41 所示。

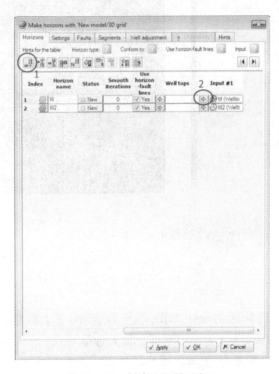

图 15-37　创建油组层面窗口

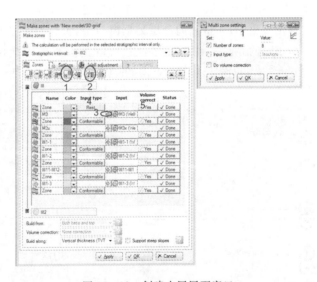

图 15-38　创建小层层面窗口

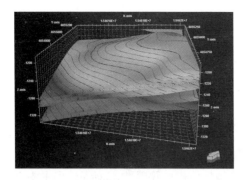

图 15-39　层面及小层层面结果

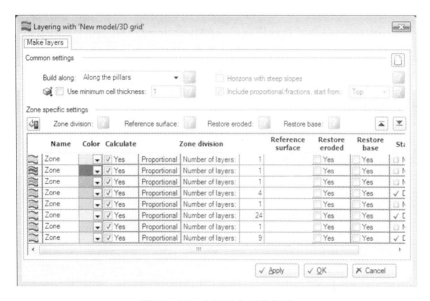

图 15-40　小层垂向网格划分

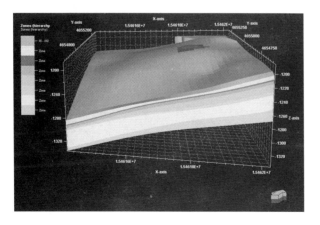

图 15-41　层面及小层层面结果

第三节 储层属性建模

一、储层属性类型及建模方法

将软件上端的模块切换为 Property Modeling 模块,几何模型(Geometrical)、相(Facies)和岩石物理(Petrophysical)是3种不同的模型。利用 Geometrical 工具可以生成网格高度、网格宽度、小层号(图15-41)、断层号和地质体模型等模型;Facies 模型主要生成离散属性的模型,如岩性、沉积微相、含油性和流动单元等;Petrophysical 模型主要生成孔隙度和渗透率等参数模型。

Facies 模型的建立方法主要有序贯指示模拟(Sequential Indicator Simulation,简称 SIS)、目标模拟(Object Modeling)和多点地质统计学(Multiple-Point Geostatistics Simulation)等。Petrophysical 模型的建立方法主要有序贯高斯模拟(Sequential Gaussian Simulation,简称 SGS)、赋值(Assign value)和神经网络(Neural net)等方法。

二、井数据粗化

首先点击工具栏的 Well log upscalling 对井数据进行粗化,选择岩性 Lihto 进行粗化,采用同样的步骤可以对需要建模的所有参数进行粗化(图15-42),图15-43为岩性和孔隙度粗化结果。

图15-42 测井岩性粗化窗口

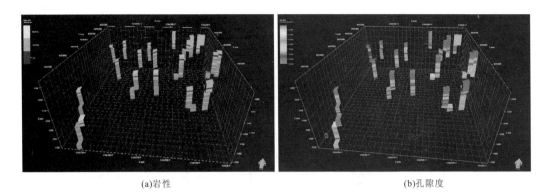

(a)岩性　　　　　　　　　　　　　(b)孔隙度

图 15-43　粗化后的岩性和孔隙度结果

三、数据分析

首先,点击工具栏的 Data analysis,在弹出的窗口下选择需要分析的小层(图 15-44 中 1 处);然后,点击 2 处解锁,然后逐个分析属性的垂向分布(3 处)、厚度分布(4 处)和变差函数(5 处)。在数据分析之前,为了更好地选择需要分析的小层,建议将 Model 窗口中 Zone filgter 下的小层名按图 15-45 所示设置。

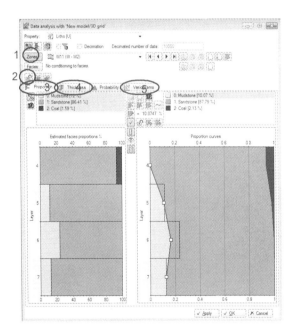

图 15-44　数据分析窗口　　　　　　图 15-45　小层层名修改

在研究区属性分布方向不明确的情况下,需要首先分析不同小层、不同属性的平面变差函数图。首先双击 Models 窗口中 3D grid->Properties 下粗化后的属性,在弹出如图 15-46 所示的窗口下设置 X、Y 方向的步长数(Number of lags)和搜索距离(Search distance)。

然后点击 Run，生成的变差函数(Variograms)储存在 Models 窗口下 3D grid 的最下方。水平方向的变差函数图可以通过图形窗口(Map window)查看。如果变差函数图出现很多空白[图15-47(a)]，则表明设置的搜索范围过小或步长数偏大。将步长数设为 5，X 和 Y 方向的搜索距离设为 600m 可得到较好的变差函数分布[图 15-47(b)]，结果显示孔隙度的主变程方向为 NE45°方向。点击 Data analysis 窗口，对Ⅲ1 小层的孔隙度变差函数进行分析(图 15-48)。

图 15-46　数据分析窗口

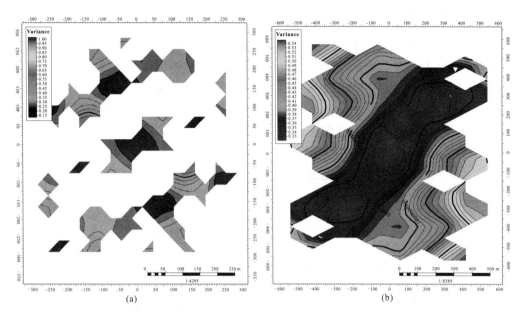

图 15-47 孔隙度横向变差函数分布图

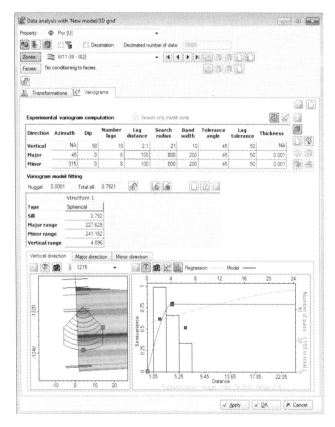

图 15-48 Ⅲ1 小层孔隙度变差函数分析

四、孔隙度模型

选择 Property Modeling 下的 Petrophysical 模拟工具，在弹出如图 15-49 所示的窗口中，在 1 处选择要模拟的孔隙度，点击 2 处的 Common 可以进入另一个窗口设置需要生成的随机模型数量，在 3 处选择需要模拟的小层，如果孔隙度模型是利用相作为控制条件则需要点击 4 并设置，点击 5 处利用刚才分析的变差函数和数据转换结果，在 6 位置处选择要建模的方法，设置好后点 OK 或 Apply 则生成了Ⅲ1 小层的孔隙度分布图（图 15-50）。

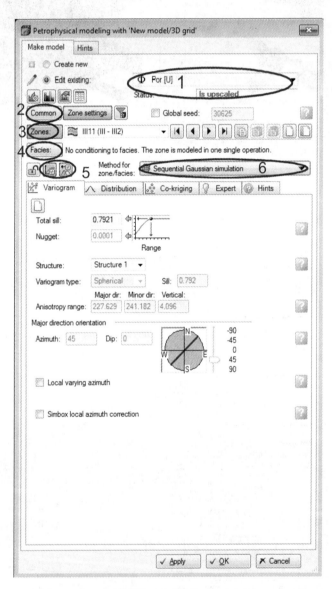

图 15-49　Ⅲ1 小层孔隙度建模方法和参数设置窗口

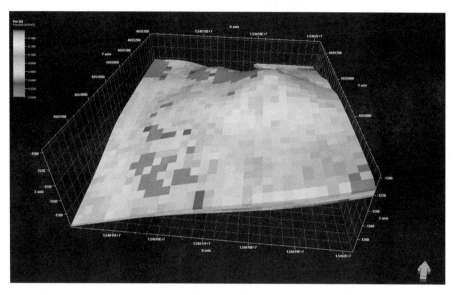

图 15-50　Ⅲ1 小层孔隙度模拟结果

五、模型粗化

模型粗化需要建立另一套 x 和 y 方向尺寸更大的网格,然后选择 Property Modeling 下 Grid upscaling 工具栏的 Structure 对构造模型进行粗化,然后在选择 Property Modeling 下 Grid upscaling 工具栏的 property 对属性参数进行粗化。不同属性的粗化过程类似,下面以 Ⅲ1 组孔隙度模型粗化为例进行介绍。

通常可以用鼠标左键点击 Models 窗口下的 Fault Model,利用 Ctrl+C 快捷键进行拷贝,然后,Ctrl+C 快捷键进行粘贴,此时在 Models 窗口下出现一个新名字一样的模型,建议改为 Coarse model,在 2D 窗口下,勾选 Coarse model,然后选择 Structural Modeling 模块下的 Pillar gridding 工具,在弹出的窗口下将 X 和 Y 方向的网格大小均改为 40m,点击 Apply 可以浏览网格,然后点击 OK 和 Yes 后则生成了一个新的粗化 3D grid,建议把名称改为 3D coarse grid(图 15-51)。

选择 Property Modeling 下 Grid upscaling 工具栏的 Structure 后在弹出的窗口下选择 Input grid 为细网格模型,则出现如图 15-52 所示的窗口,在此窗口中将 4 改为 2、24 改为 12、9 改为 5 后点击 OK。

然后选择 Property Modeling 下 Grid upscaling 工具栏的 Property,然后点击细网格模型下的孔隙度模型,再点击如图 15-53 所示的圆圈处加载需要粗化的孔隙度模型,点击 OK 完成孔隙度粗化。图 15-54 为孔隙度粗化结果。

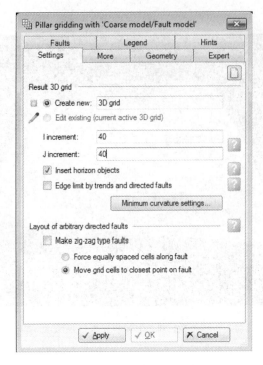

图 15-51　粗模型网格化

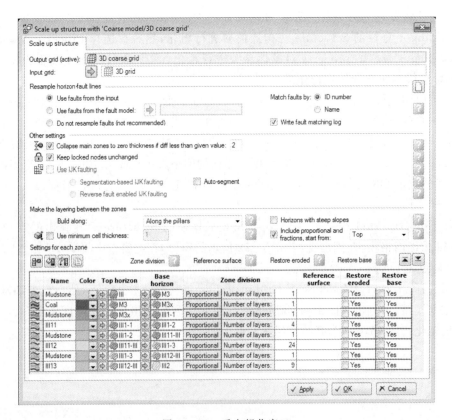

图 15-52　垂向粗化窗口

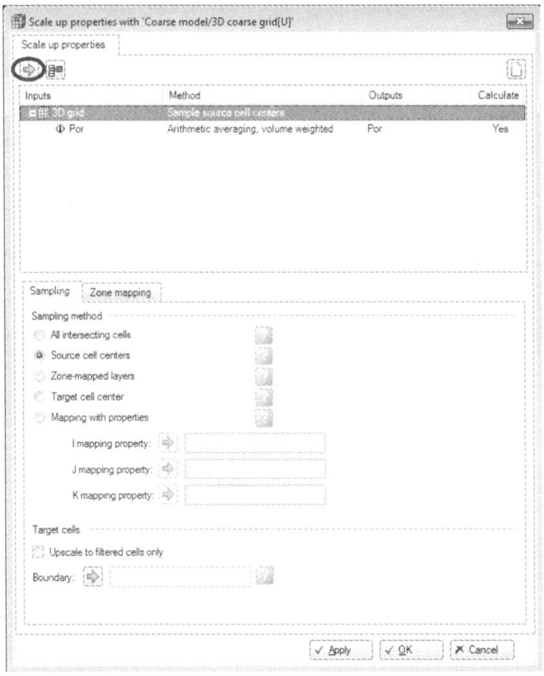

图 15-53 属性粗化窗口

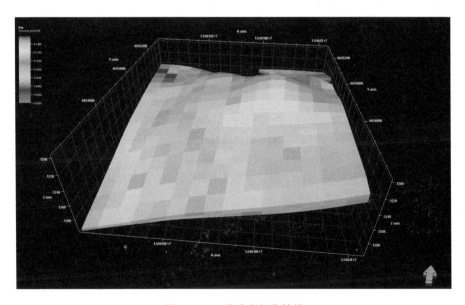

图 15-54 孔隙度粗化结果

主要参考文献

国家能源局.SY/T 5751—2012 石油地质岩石名称及颜色代码[S].北京:石油工业出版社,2012.
国家能源局.SY/T5434—2009 碎屑岩粒度分析方法[S].北京:石油工业出版社,2009.
国家石油和化学工业局.SY/T 5368—2000 岩石薄片鉴定[S].北京:石油工业出版社,2000.
国家发展与改革委员会.SY/T 6103—2004 岩石孔隙结构特征的测定—图像分析法[S].北京:石油工业出版社,2004.
国家发展与改革委员会.SY/T 5336—2006 岩芯分析方法[S].北京:石油工业出版社,2006.
何生,叶加仁,王芙蓉,等.石油及天然气地质学实习指导书[M].武汉:中国地质大学出版社,2010.
焦养泉,吴立群,荣辉.聚煤盆地沉积学[M].武汉:中国地质大学出版社,2015.
解习农,任建业.沉积盆地分析基础[M].武汉:中国地质大学出版社,2013.
金振奎,李燕,高白.现代缓坡三角洲沉积模式——以鄱阳湖赣江三角洲为例[J],沉积学报,2014,32(4):2710-2723.
刘宝珺.沉积岩石学[M].北京:地质出版社,1980.
罗蛰潭,王允诚.油气储集层的孔隙结构[M].北京:科学出版社,1986.
马永生,梅冥相,陈小兵,等.碳酸盐岩储层沉积学[M].北京:地质出版社,1999.
马正.应用自然电位测井曲线解释沉积环境[J].石油与天然气地质,1982,3(1):25-39.
裘亦楠,王衡鉴.松辽陆相湖盆-三角洲各种沉积砂体的油水运动特点[J].石油学报,1980,1(增刊):73-93.
孙永传,李蕙生.碎屑岩沉积环境与沉积相[M].北京:地质出版社,1986.
孙永传,李忠,等.中国东部几个断陷盆地的成岩作用与成岩场[M].北京:科学出版社,1996.
谭程鹏,于兴河,李胜利,等.辫状河—曲流河转换模式探讨——以准噶尔盆地南缘头屯河组露头为例[J].沉积学报,2014,32(3):450-458.
王红莲,赵铁峰.浅谈钻孔原始地质编录[J].中国科技信息,2007,(21):22-26.
王家豪,姚光庆,袁彩萍.焉耆盆地宝浪油田宝北区块辫状河分流河道砂体储层宏观特征[J].现代地质,2001,15(4):431-437.
王家豪,姚光庆,赵彦超.浅水辫状河三角洲发育区短期基准面旋回划分及储层宏观特征分析[J].沉积学报,2004,22(1):87-94.
王允诚.油气储层评价[M].北京:石油工业出版社,1999.
姚光庆,蔡忠贤.油气储层地质学原理与方法[M].武汉:中国地质大学出版社,2005.
姚光庆,马正,赵彦超,等.南海 HZ26-1 油田储层沉积特征研究[J].中国海上油气(地质),1994,8(6):387-393.
姚光庆,马正,赵彦超,等.浅水三角洲分流河道砂体储层特征[J].石油学报,1995,16(1):24-31.
姚光庆,孙尚如,周锋德.非常规陆相沉积油气储层[M].武汉:中国地质大学出版社,2004.
姚光庆,孙尚如,周锋德.陆相非常规油气储层[M].武汉:中国地质大学出版社,2003.
姚光庆,赵彦超,张森龙.新民油田低渗细粒储集砂岩岩石物理相研究[J].地球科学,1995,20(3):355-360.
于兴河.油田开发中后期储层面临的问题与基于沉积成因的地质表征方法[J].地学前缘,2012,19(2):1-14.
于兴河,等.三角洲沉积的结构—成因分类与编图方法[J].沉积学报,2013,31(5):782-795.
中国石化西北油田分公司.Q/SHXB 0092—2012 岩芯岩屑录井规范[S].2012.

主要参考文献

Amaefule J O, Bar D C. Enhanced reservoir decription: using core and log data to identify hydraulic (flow) units and predict permeability in uncored intervals/well[C]. 68th Annual SPE Conference And Exhibition, Houston, Texas,1993.

Bridge J S, Tye R S. Interpreting the dimensions of ancient fluvial channel bars, channels, and channel belts from wireline-logs and cores[J]. AAPG Bulletin,2000,84(8):1205-1228.

Coleman J M, Prior D B. Deltaic environments of deposition, in Sandstone depositional environments[J]. AAPG Bulletin Memoir,1981,31, 139-169.

Li J, Bristow C S, Luthi S M, et al. Dryland anabranching river morphodynamics: Río Capilla, Salar de Uyuni, Bolivia[J]. Geomorphology,2015,250: 282-297.

Loucks R G, Reed R M, Ruppel S C,et al. Spectrum of pore types and networks in mudrocks and a descriptive classification for matrix-related mudrock pores[J]. AAPG Bulletin,2012,96(6):1071-1098.

Maill A D. Fluvial Depositional Systems[M]. Springer International Publishing,2014.

Pettijohn F J, Potter P E, Siever R. Sand and Sandstone[M]. New York:Springer,1973.

Scott A, Hurst A, Vigorito M. Outcrop-based reservoir characterization of a kilometer-scale sand-injectite complex[J]. AAPG Bulletin,2013,97(2):309-343.

Spencer C W. Geology of tight gas reservoir[J]. Mast R F (Ed.), AAPG Studies in Geology 24. Clark J D, Pickering T. Architectural elements and growth patterns of submarine channels: application to hydrocarbon exploration, AAPG Bulletin, 1996,80(2): 194-221.

Veeken P C H, van Moerkerken B. Seismic Stratigraphy and Depositional Facies Models[M]. Academic Press,2014.